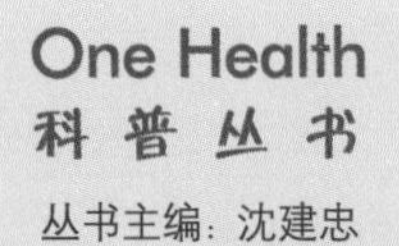

One Health
科普丛书
丛书主编：沈建忠

揭开微生物检测的神秘面纱

张嵘 唐琳 汪洋 主编

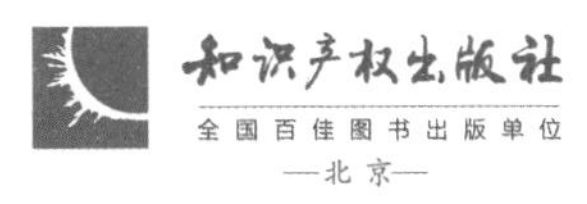

知识产权出版社
全国百佳图书出版单位
—北京—

图书在版编目（CIP）数据

揭开微生物检测的神秘面纱 / 张嵘，唐琳，汪洋主编 . — 北京：知识产权出版社，2024.3

（One Health 科普丛书 / 沈建忠主编）

ISBN 978-7-5130-9043-8

Ⅰ . ①揭…　Ⅱ . ①张… ②唐… ③汪…　Ⅲ . ①微生物检定—普及读物　Ⅳ . ① Q93-331

中国国家版本馆 CIP 数据核字（2023）第 229032 号

内容提要

本书从小燕博士的视角，讲述了她在日常工作生活中遇到的形形色色的病原体，并与知识渊博的汪教授相互探讨研究的故事。本书既生动形象地向大众介绍了病原体的特征、病原体在生活中常见的感染侵袭方式，同时又详细地讲述了不同病原体的检测方法：从传统的用显微镜观察镜下形态，到不同培养基培养鉴定；从免疫学方法，到新兴的质谱技术、分子生物学测序等。

责任编辑：郑涵语　　**责任印制**：刘译文　　**封面设计**：舒　丁

One Health 科普丛书 / 沈建忠主编

揭开微生物检测的神秘面纱

张　嵘　唐　琳　汪　洋　主编

出版发行：知识产权出版社有限责任公司	网　　址：http：//www. ipph. cn
电　　话：010-82004826	http：//www. laichushu. com
社　　址：北京市海淀区气象路 50 号院	邮　　编：100081
责编电话：010-82000860 转 8569	责编邮箱：laichushu@cnipr. com
发行电话：010-82000860 转 8101	发行传真：010-82000893
印　　刷：天津嘉恒印务有限公司	经　　销：新华书店、各大网上书店及相关专业书店
开　　本：720mm × 1000mm　1/16	印　　张：20.25
版　　次：2024 年 3 月第 1 版	印　　次：2024 年 3 月第 1 次印刷
字　　数：228 千字	定　　价：88.00 元

ISBN 978-7-5130-9043-8

编委会

丛书序

21世纪，经济全球化给我们的生活带来了翻天覆地的变化。人类在享受全球化飞速发展成果的同时，也面临着严峻的健康挑战。新兴突发传染病、食品安全、环境污染等公共卫生事件频发。越来越多的研究发现，人类的健康与动物及生活的生态系统息息相关。人畜共患病可随着动物和人类之间的互动相互传播，而环境的变化可能会加速疾病的传播；抗微生物药物的滥用会导致病原体对药物产生耐药性，这些耐药的微生物会通过环境和食物链在动物和人类之间进行传播，最终导致抗微生物药物失效。近些年来，国内外研究结果都在提醒人们，人类的健康不再是狭义的健康，"同一健康"（One Health）的概念应运而生。"同一健康"理念旨在可持续地平衡和改善人类—动物—植物—生态系统的健康，呼吁人们通过跨学科、跨部门、跨行业的合作，采用整体、系统的策略来识别人类—动物—植物—生态系统之间的相互联系。2022年10月17日，联合国粮食及农业组织（FAO）、联合国环境规划署（UNEP）、世界卫生组织（WHO）和世界动物卫生组织（WOAH）四方合作机制共同发布《"同一健康"联合行动计划》，为"同一健康"理念的践行提供了切实可行的行动计划。

为了增进公众对“同一健康”的认知，本着促进科学技术知识的普及和传播的初衷，中国农业大学和浙江大学的师生们精心策划了“One Health科普丛书”。本系列丛书紧密围绕“同一健康”主题，联合临床医学、动物医学、环境科学、食品科学等学科。交叉融合，着眼于与人类生活密切相关的健康问题，涵盖临床感染性疾病的诊治、食源性疾病、宠物健康、食品安全问题、抗生素耐药性问题等方面，深入浅出地传播科学知识。希望通过这套丛书的阅读，读者对于人类—动物—植物—生态系统有更加深刻的理解和认识。

中国工程院院士

沈建忠

前　言

感染性疾病的病因错综复杂，再加上新兴病原体层出不穷，人们对这类疾病的诊治仍面临巨大挑战。明确人体是被何种病原体感染是诊治的关键步骤。那么，我们如何才能在不计其数的病原体中准确抓住导致发病的关键病原体，这就离不开我们的幕后工作者——临床微生物实验室医生们的不懈努力。近年来，随着分子生物学技术的发展，临床微生物实验室医生们将越来越多的新技术、新方法应用于临床微生物检测。这些新技术、新方法的广泛应用将我们带入了感染性疾病诊治的新时代 。

在本书中，我们将通过 50 个生动形象的小故事为您打开一个隐匿而神秘的微观世界，细菌、真菌、病毒、寄生虫、衣原体、立克次体、螺旋体、放线菌，各种病原体五花八门，有些甚至闻所未闻。这些隐匿的病原体是如何被我们发现蛛丝马迹，被“缉拿归案”的呢？别急！书中的“侦探”——临床微生物实验室的医生，他们最擅长的就是抽茧剥丝，“追寻真凶”。我们将带您参观临床微生物实验室，为您揭开微生物检测的神秘面纱。不管是传统微生物培养检测方法、快速方便的免疫血清学试验，还是基于蛋白质指纹图谱的质谱鉴定技术、精准狙击的 PCR 扩增技术，再到当前可“一网

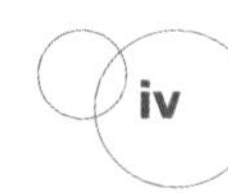

打尽”的宏基因组测序技术，不同的方法在病原体检测中发挥着不同的作用。通过阅读本书，相信您会对不同的病原体及其检测方法有更为深刻而直观的认知！

目　录

※ 细菌篇 ※

※ 真菌篇 ※

※ 病毒篇 ※

※ 寄生虫篇 ※

※ 衣原体篇 ※

※ 立克次体篇 ※

※ 螺旋体篇 ※

※ 附　录 ※

汪教授：

博士生导师

对病原微生物如数家珍

知晓各种检测手段

喜欢向大众科普检验小知识

小燕博士：

萌新博一学生

热爱检验专业

对病原微生物有强烈的好奇心

有着打破砂锅问到底的执着

细菌篇

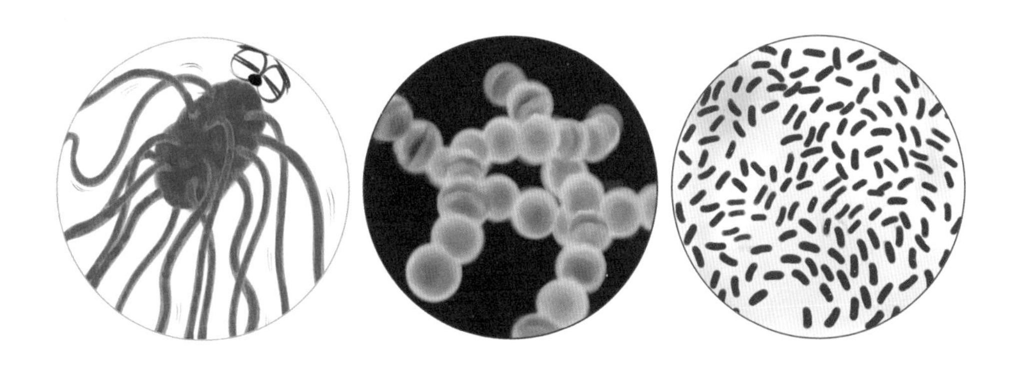

细菌的个头非常小，只有在显微镜下才会被看到。而细菌的形状却多种多样，主要有球状、杆状，以及螺旋状。细菌在人类生活中无处不在，是许多疾病的病原体。细菌会通过多种方式在人体间传播疾病，造成严重的感染。人类也学会利用细菌来进行生产，如乳酪及酸奶的制作、部分抗生素的制造、废水的处理等。在人体内也有许多细菌，他们与人体共生共存，有些可以帮助消化，是有益菌。

1. 要命的冰西瓜

冰西瓜可以说是小燕博士最爱的夏天解暑神器了。每次从炎热的户外回来，小燕博士总要从冰箱里拿出一块清凉爽口的冰西瓜，心满意足地用勺子挖着吃。可是今天在准备吃冰西瓜的时候，小燕博士却犹豫了，因为这一块切开的西瓜已经在冰箱里放了两天。她知道食物放冰箱太久了就不能再吃了，但是面对唾手可得的美味又实在舍不得扔掉。正当她犹豫的时候，汪教授来了。看到小燕博士面对心爱的冰西瓜迟迟没有下口，汪教授就问小燕博士怎么回事。小燕博士说："汪教授，这块西瓜已经在冰箱里放了两天了。虽然您之前强调过冰箱里放太久的东西不能直接生吃，可是我还是有点舍不得。"汪教授笑道："这是切开的西瓜，还在冰箱里放了两天。你最好还是不要用生命去品尝美味。"小燕博士听到这西瓜竟然可能会危及生命，马上就把它丢掉了，问道："汪教授，我只记得您说过不要生吃放在冰箱里过久的食物，可是没想到会危及生命！"汪教授说："是的。有一种很厉害的细菌，它在冰箱的低温环境里也能生长。如果我们误食了带这种细菌的食物，就真的很危险。"小燕博士感叹道："竟然还有在冰箱里也能生长的细菌，还会要命！汪教授，这是什么细菌呀？"

让人纠结的冰西瓜

汪教授介绍道："这种细菌叫作单核细胞增生李斯特氏菌（*Listera monocytogenes*，简称产单核李斯特菌）。作为细菌的一种，它最大的特点就是生长的温度范围广，在 4~45℃都能生长，因此它是冷藏食物威胁人类健康的主要病原体之一。"

听到这里，小燕博士舒了一口气，幸好自己没有贪吃。汪教授又说道："如果不幸被这种细菌感染，人们可能会产生消化系统的疾病。它还会侵入神经系统和循环系统，引起严重的败血症。这个发病率虽低，但病死率却很高。这种细菌最喜欢欺负身体弱小的人，因此常见的感染者有儿童、孕妇、老年人、酗酒人群、有免疫系统疾病，以及接受免疫抑制剂和器官移植的人等体弱人群。所以这类人群更要注重饮食安全。"

小燕博士说："看来冰箱也不是绝对安全的，还是有厉害的细菌能够在低温环境下生长并且威胁我们的健康。那么，汪教授，我们都有哪些方法可以检测单核细胞增生李斯特氏菌呢？"

汪教授回答："细菌的生化反应，是经典的鉴定细菌的方法。每种细菌的生化反应都不一样，比如检测细菌对多种糖类、氨基酸等物质的利用结果，就可以进行鉴定。临床上我们可以用微量生化反应管进行试验。在鉴定前，我们要先对标本组织进行培养，用培养出的菌落分别接种不同的微量生化反应管，再把它们放到适合细菌生长的环境中。第二天我们就可以读结果，并通过判读的结果来知道具体是哪种细菌。之前检验医生都是通过手工一个一个做微量生化反应，不仅操作麻烦，也会有一定的误差。如今科技进步了，有了全自动的生化反应鉴定仪，就方便多啦。除了通过生化反应鉴定外，现在我们也可以用质谱仪鉴定。质谱仪的使用就更为简单，省去了更多的时间，成为最常用的鉴定方法之一。

“这两种方法都需要先进行细菌培养。如果由于细菌量少、没取到足量的试样等原因未能培养出细菌，那检验医生们就束手无策了。现在又有了分子生物学的检测方法，如二代宏基因测序技术（metagenomics Next Generation Sequencing，mNGS）。这种检测方法只需要一点标本就可以鉴定，免去了培养的步骤，鉴定的速度更快，为临床诊断与治疗提供了强有力的证据。

“刚才说的这种宏基因测序快速高效，但是由于这种检测操作烦琐、费用昂贵、报告解读复杂，因此并不是常规的检测手段。再有就是多种方法混合鉴定，这也为医生快速检测提供了新的思路。有研究者先用聚合酶链反应方法（Polymerase Chain Reaction，PCR）对产单核李斯特细菌进行遗传物质的扩增，然后通过变性高效液相色谱技术进行快速检测，这种方法的灵敏度和准确性也非常高[1]。

“除了微生物检测方法，我们也可以用免疫学的方法鉴定单核细胞增生李斯特氏菌。常用的方法是酶联免疫吸附法（Enzyme-Linked Immunosorbent Assay，ELISA）。单核细胞增生李斯特氏菌表面有许多的特异性蛋白质，我们让这些蛋白与特定的抗体结合，而这些抗体标记有荧光，我们检测荧光的强度就可以知道有没有单核细胞增生李斯特氏菌了。

“还有生物传感器法。生物传感器法通过与单核细胞增生李斯特氏菌特定的分子识别得到信号，将信号转化为可以输出的电信号或光信号，也可以进行鉴定。不过目前这种方法还处于研究阶段[2]。”

参考文献

[1] 曹际娟，闫平平，徐君怡，等 . 单核细胞增生李斯特氏菌 PCR-DHPLC 检测新技术的建立 [J]. 生物技术通报，2008（S1）：5.

[2] 李云霞，顾晨荣，等 . 单增李斯特菌的研究方法进展 [J]. 上海师范大学学报（自然科学版），2015（6）：687-693.

汪教授有话说

单核细胞增生李斯特氏菌隶属于厚壁菌门、芽孢杆菌纲、芽孢杆菌目、李斯特氏菌科，是 1940 年以英国外科医生李斯特勋爵（Lord Lister）的名字命名的，为革兰氏阳性短小杆菌。单核细胞增生李斯特氏菌不同于其他细菌的最显著特征是能在 4℃条件下生长，被称为“冰箱里的杀手”。该菌广泛分布在自然界，为人畜共患性食源性致病菌，它会引起严重的败血症、心内膜炎、骨髓炎、腹膜炎、肺炎等各种感染，甚至会造成妊娠期妇女的早产、流产、死胎等。对于单核细胞增生李斯特氏菌，常规的检测方法通常是以培养为基础，借助生化反应，应用 VITEK、PHOENIX 等全自动细菌仪或 MALDI-TOF MS 进行菌种鉴定，免疫学的 ELISA 法也可用于该病原体的检测。近年来新兴的分子生物学方法（如测序方法）可实现对单核细胞增生李斯特氏菌的快速检测。

2.“迷人眼”的蜡样芽孢杆菌

小燕博士今天一直在查文献。看了一天电脑的她觉得腰酸背痛，眼睛还有点酸。她伸了一个懒腰，又揉了揉眼睛，准备休息一下。看到小燕博士揉眼睛，坐在对面的汪教授对她说：“小燕，不要用手揉眼睛呀，眼睛很娇嫩的。况且你的手还很脏。”小燕博士点了点头：“好的。我也是习惯了，眼睛不舒服总想揉一揉。”汪教授说：“其实我们从小就被教导，眼睛不舒服不要揉，可以洗一洗。我们周围有一种极其常见的细菌可能会导致眼睛失明。”小燕博士说：“这也太吓人了，以后可再也不敢揉眼睛了。”汪教授说：“是呀，这种细菌叫蜡样芽孢杆菌（*Bacillus Cereus*）。蜡样芽孢杆菌主要存在于土壤、污水等环境中，能释放多种酶和外毒素。如果感染眼部，病情发展非常迅速，严重还会失明。之前有一个马上要做白内障手术的患者，在手术前就是因为揉眼睛突然发生角膜水肿、眼内压急剧升高。”小燕博士问：“他这是怎么了？突然病情恶化了，不会是感染蜡样芽孢杆菌了吧？”汪教授说：“别着急呀，听我慢慢讲。后来他的眼睛一直有强烈的炎症反应，红肿热痛。几个小时后就出现了眼部组织坏死的现象。医生们面对这种发展迅速的病变也一头雾水，一边对症治疗，将坏死的眼部组织切除，同时用了一些抗菌药物，一边将眼球组织送到检验科进行检验。一天后，检验结果显示有蜡样芽孢杆菌感染。

蜡样芽孢杆菌在培养基上的形态

医生马上给患者的眼部做相应的抗菌滴眼液治疗。可惜最后为了防止感染扩散，不得不将患者整个眼球切除。”听到患者眼球被切除，小燕博士感到很痛心：“原来蜡样芽孢杆菌这么危险啊。唉，看来对于这么凶险的细菌，我们需要有相应的快速检测方法。”汪教授说：“是的，针对蜡样芽孢杆菌，我们也有很多检测方法。”

汪教授继续说：“首先检验细菌的经典方法就是先从患者的组织标本中培养出蜡样芽孢杆菌，然后用生化反应进行鉴定。蜡样芽孢杆菌有很多特殊的生化反应，可以用来和其他细菌进行区分。如溶血实验，在胰酪胨大豆羊血琼脂培养基（TSSB）上，蜡样芽孢杆菌会产生溶血素，这种溶血素使杆菌周围的培养皿产生巨大的透明溶血。同时科研人员设计了一种特殊的培养基，叫蜡样芽孢显色培养基（HKCB）。它利用蜡样芽孢杆菌特殊的生化反应，可以让生长的蜡样芽孢杆菌显色。当临床医生怀疑患者是蜡样芽孢杆菌感染时，将标本接种到上面，也可以快速进行细菌的初筛。

“但是这个培养基只能进行初筛，不能最终确定。同时，全套的生化反应实验操作复杂，花费的时间也较长，不能快速鉴定。所以现在大多用全自动生化反应仪进行鉴定，大概 4 小时就可以出结果。除此以外，还可以用基质辅助激光解吸 / 电离飞行时间质谱（Matrix-Assisted Laser Desorption/Ionization Time of Fight Mass Spectremetry，MALDI-TOF MS）进行鉴定。我们只要将蜡样芽孢杆菌培养出来，就可以用质谱仪鉴定了，比生化反应要更快，几分钟就能够得到鉴定结果。

“不过，刚才说的生化反应鉴定和质谱仪鉴定都有一个前提，那就是要培养出蜡样芽孢杆菌。只有培养出蜡样芽孢杆菌才能做后续的鉴定。这样的话，培养的时间可就长了，一般都要过夜。于是科研人员又发明了更多不需要培养的鉴定方法，如免疫学方法的乳胶凝集实验、ELISA 等。这些鉴定方法都是检测蜡样芽孢杆菌表面特异性蛋白的。所谓特异性蛋白是指某种或某些蛋白质，是这种细菌独有的。其中 ELISA 和蛋白质印迹法（Western blot）准确度和精确度很高，也是临床常用的方法呢。

“除此以外，分子生物学的方法也是我们快速检测蜡样芽孢杆菌的秘密武器。众所周知，我们每个人的遗传物质都是不一样的，每种细菌也不一样。我们可以对组织标本中的遗传物质进行扩增，然后测序，这就是现在越来越被临床重视的 mNGS。除了测序，经过 PCR 后也可以有多种检测方法，如高效液相色谱法（High Performance Liquid Chromatography，HPLC），这种方法也非常灵敏。

“刚才我说过免疫学方法鉴定蜡样芽孢杆菌是通过检测特殊的蛋白质，是利用抗原 - 抗体反应检测的。另外还有一种检测蛋白质的方法，叫作蛋白质印迹法。这种检测方法利用蛋白质带电的特性，让蛋白质在特定的电场内移动，带不同电荷的蛋白质移动的位置不同，产生不同的条带图谱，我们根据电泳图谱也可以进行鉴定[1]。但这种方法操作更为烦琐，也对技术人员的操作水平提出了更高的要求，所以一般只作为科研鉴定方法，临床上不常用。”

听完汪教授的解答，小燕博士说：“这么说的话，当我们怀疑是蜡样芽孢杆菌感染时，是不是只要用更快的检测方法就好了？培养法太慢了，是不是就可以不做了？”汪教授摇了摇头说：“不是的，不同的方法检验所需要的时间不同，但它们的优缺点也是互相补充的。比如测序技术，检测虽快，但对检验人员的要求更高，报告的审核也更复杂，并且费用也更高。我们在送检时也要针对不同检测技术的优缺点综合评判，目的就是让患者享受到更优质的医疗服务。”

汪教授有话说

蜡样芽孢杆菌是一种革兰氏阳性杆菌，主要存在于土壤、污水等环境中。如果你以为它只是单纯的环境污染菌，那就大错特错了。蜡样芽孢杆菌是兼性厌氧菌，会产生防御性的内芽孢，以抵御不利的环境。它在血平板上呈现典型的透明溶血现象，菌落形态干燥呈蜡样，由此得名。蜡样芽孢杆菌能释放多种酶和外毒素，是引起食物中毒的元凶之一；更为严重的是，一旦感染眼球可引起组织坏死，导致患者失明。对于蜡样芽孢杆菌的检测，常规的方法依赖于培养。微生物实验室的工作人员利用其特有的生化反应、菌落形态等特征对菌株进行菌种鉴定。基于蛋白质指纹图谱的 MALDI-TOF MS 菌种鉴定法在临床微生物实验室得到极大推广。此外，分子生物学方法、免疫学方法在蜡样芽孢杆菌的病原学检测中有一定的应用。

参考文献

[1] 郑庆芳，刘丽娜，刘先凯，等 . 蜡样芽孢杆菌 BC307 的分离鉴定及其 RSIP 蛋白的抗体制备 [J]. 食品与发酵工业，2021，47（21）：53-58.

3. 遇水而生的霍乱

夏日的傍晚，凉风徐徐，正在池塘边散步的小燕博士与汪教授不禁停下脚步，享受这阵阵微风带来的清爽与惬意。池塘的水面上泛起了淡淡的波纹，可爱的鱼儿在水中穿梭游玩。看到那群鱼儿在水里游来游去，汪教授讲道："其实在自然界中有一种细菌的运动方式也如鱼儿这般活泼，而且同样喜欢生活在水中。"小燕博士听后问道："噢？究竟是何方神圣？会感染我们人类吗？"汪教授说："这种细菌叫霍乱弧菌（*Vibrio cholorae*），自然界的河水、塘水、井水及海水是它赖以生存的环境。在水中，它可以依附浮游生物长期存活。现在正值夏季，温暖适宜的气候使得霍乱弧菌与浮游生物共同栖息的水环境中的藻类和浮游动物迅速繁殖，为霍乱弧菌的生长繁殖创造了条件。另外，这些水域可能同时是海水、淡水产品的养殖基地，因此它还能和海鲜等水产品一起到人们的餐桌上。在摄入含霍乱弧菌的水或带有霍乱弧菌的水产品后，人们可能会感染烈性肠道传染性疾病——霍乱。霍乱是我们国家法定报告的甲类传染病（具有传染性强、病死率高、易引起大流行等特点），是危险性仅次于鼠疫的'二号病'。霍乱弧菌被摄入人体后能产生霍乱毒素，造成分泌性腹泻。即使感染者不再进食，霍乱毒素也会使人不断腹泻，而且其在人体小肠内大量繁殖，刺激肠液过量分泌，还会引起剧烈呕吐，其粪便和

排列如“鱼群”状的霍乱弧菌

呕吐物均呈‘米泔水样’，且含有大量霍乱弧菌。因此霍乱弧菌患者在短时间内会频繁腹泻或呕吐，导致快速脱水，甚至死亡。霍乱发病很急，如果不及时就医会危及生命。1992 年，一个商业航空公司的航班从霍乱疫区秘鲁飞往洛杉矶。航班上有大量乘客因食用了被疫区霍乱弧菌污染的生冷海鲜沙拉，而引发了霍乱。部分人因腹泻严重而脱水，甚至有一人死亡。不过虽说霍乱凶险，但如若及时就医，正确诊断，并进行科学补液，或进行针对性抗菌治疗，患者还是可以转危为安的。早期快速和正确的诊断还可以预防霍乱的流行和蔓延，降低其给人类带来的危害。”小燕博士听后问道："那我们可以用什么检测方法将这个致命的‘坏家伙’揪出来呢？”接着汪教授便给小燕博士详细讲述了起来。

“霍乱弧菌是一种革兰氏阴性细菌，因菌体短小且形态呈弯曲弧状或逗点状，归于弧菌属。菌体的一端具有单根粗鞭毛和菌毛，其鞭毛如‘马达’般，可以使其在液体环境下自由快速移动。作为需氧菌，霍乱弧菌的营养要求不高。因其耐碱，我们常用碱性（pH 8.4~9.2）培养基选择性分离培养该菌。

“霍乱弧菌具有典型的形态和动力特征。因此，我们完全可以通过显微镜观察，及时发现霍乱患者样本中含有的霍乱弧菌，从而快速地进行初步诊断。取霍乱患者‘米泔水样’的粪便或呕吐物，涂片在光学显微镜下进行革兰氏染色观察，可以看到排列如‘鱼群’状的弧菌。可是要注意，说到底这种显微镜下观察到的细菌形态仅仅只能帮助我们确定其为弧菌。我们仍需要进行制动试验来判断是否为霍乱弧菌：取患者‘米泔水样’的粪便或呕吐物，滴在载玻片上，在暗视野显微镜下观察有无鱼群样穿梭运动的细菌。再用相同的方法制备另一份标本涂片，在悬液中滴加 1 滴霍乱弧菌多价诊断血清。若为相应的霍乱弧菌，则最初呈鱼群样穿梭运动的细菌会停止运动并凝结成块。这时便可以初步判断患者体内存在有霍乱弧菌。

“这种直接镜检的方式快速、特异，操作简便，但必须在霍乱弧菌数量较多的情况下才能检出。为了快速使其数量变多，我们可以将患者样本接种到 37℃碱性蛋白胨水中，培养 6~8 小时后取其培养物，再做形态观察及制动试验，同时将增菌培养物转种到碱性平板上，如硫代硫酸盐—枸橼酸盐—胆盐—蔗糖琼脂（TCBS）、4 号琼脂或庆大霉素琼脂平板做分离培养。在 TCBS 上的黄色菌落、4 号琼脂或庆大霉素琼脂平板呈灰黑色中心的菌落均可怀疑是霍乱弧菌形成的菌落。

“很多细菌在一定条件下经培养之后都会形成其相应的菌落，菌落的形态特征对菌种的识别和鉴定具有一定的导向作用。有了大致的方向之后，我们将如何进一步确定菌种呢？其实在新陈代谢方面，每种细菌所产生的代谢产物各有不同，从而能与各种试剂表现出不同的生物化学反应。霍乱弧菌在这方面也有其独特的表现：氧化酶、明胶液化试验阳性；能发酵蔗糖、葡萄糖，等等。若可疑菌落的生化表现与霍乱弧菌相符，便能帮我们对其菌种类型做出进一步的判断。不过传统的细菌生化鉴定耗时久，结果延迟，不利于霍乱的快速诊断和早期治疗。于是，在此基础上，人们又研制了微量快速生化反应试剂，并开发出了全自动细菌鉴定仪。这就大大缩短了鉴定所需要的时间。

“然而，菌种以下还有亚种、群或型。霍乱弧菌也不例外。霍乱弧菌有 200 多个兄弟，每个都有不同于其他兄弟的菌体‘O’抗原。人们根据发现它们的先后顺序给它们以数字排序命名，其中只有 O1 群和 O139 群霍乱弧菌能引发霍乱，危害人间。它们兄弟长得都差不多，单凭肉眼观察是无法将其区分出来的。为了将 O1 群和 O139 群霍乱弧菌这两个‘坏兄弟’揪出来，我们可使用针对 O1 群和 O139 群霍乱弧菌表面特殊的‘O’抗原制备的诊断血清对可疑菌落进行玻片凝集试验。如果该可疑菌落在相应的血清中很快出现肉眼可见的明显凝集，那便可以向临床医生报告是 O1 群或 O139 群霍乱弧菌，要求快速杀灭。除此之外，根据霍乱弧菌兄弟之间蛋白指纹图谱特异性，我们还可以选用更具有准确性的质谱仪对其进行快速鉴定。

“无论是生化鉴定还是质谱分析，它们都是建立在培养的基础上，无法在当天完成，且对操作人员的熟练程度要求较高。所以还需要具有更高灵敏度和特异性的检测方法来帮助我们快速识别霍乱弧菌，使其无处遁形。直接免疫荧光法（Direct Immunofluorescence，DIF）[1]、斑点印记 ELISA[2]、试纸条检测法 [3] 等多种方法将霍乱弧菌的检测时间从至少两天减少到数小时，甚至几十分钟。这对霍乱的早期诊断与治疗具有非常重要的意义。

“霍乱弧菌对人的危害性在于它的致病‘武器’——霍乱毒素。它由特定的基因编码而来，但并非存在于所有 O1 群和 O139 群霍乱弧菌中。如果我们将产毒的和不产毒的菌株分别鉴定出来，便可以非常清楚地知道它是否具有致病能力，从而针对性地进行有效预防和控制霍乱的流行。相应的检测方法也有很多种，比如荧光定量 PCR、多重 PCR、基因芯片、mNGS 等。”

小燕博士惊叹不已：“如此多的方法可以帮助我们有效地检测出霍乱弧菌。看这个‘坏家伙’还能如何在人类世界嚣张！”

汪教授有话说

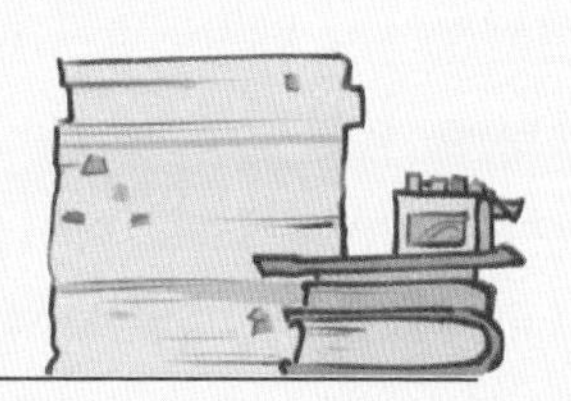

霍乱弧菌隶属于变形菌门、γ－变形菌纲、弧菌目、弧菌科、弧菌属，是一种革兰氏阴性小杆菌。菌体呈直、微弯或逗点状，营养要求简单，生长快速，在液体培养基中动力阳性，暗视野显微镜中呈鱼群样穿梭运动。对 pH 敏感，当 pH 低于 6 时就会很快死亡，但可耐受碱性条件，因此可用选择性 TCBS 培养基对其进行分离鉴定。霍乱弧菌是霍乱的病原菌，一般潜在 6~8 小时后可暴发水样性腹泻，初始便量就达到 1 升，数小时后就可分泌达到数升，引起低血容量性休克。霍乱弧菌的菌种鉴定依赖于典型的菌落形态、生化特性和血清学凝集实验。近年来发展起来的 MALDI–TOF MS 和 PCR、mNGS 等方法可为霍乱的诊断提供更为快速准确的手段。

参考文献

[1] HASAN J A，BERNSTEIN D，HUQ A，et al. Cholera DFA：An Improved Direct Fluorescent Monoclonal Antibody Staining Kit for Rapid Detection and Enumeration of Vibrio Cholerae O1 [J]. FEMS Microbiol Lett，1994，120（1-2）：143-8.

[2] CHAICUMPA W，SRIMANOTE P，SAKOLVAREE Y，et al. Rapid Diagnosis of Cholera Caused by Vibrio Cholerae O139 [J]. J Clin Microbiol，1998，36（12）：3595-3600.

[3] BHUIYAN N A，QADRI F，FARUQUE A S，et al. Use of Dipsticks for Rapid Diagnosis of Cholera Caused by Vibrio Cholerae O1 and O139 From Rectal Swabs [J]. J Clin Microbiol，2003，41（8）：3939-3941.

4. 别怕，疫苗会让你伤痛随风

这天，小燕博士和平常一样骑着自行车到学校去找汪教授探讨问题，可是半路上自行车却坏了。小燕博士无奈只得修起了车，却不料被脚蹬刮到了手。跟汪教授约定的时间快要到了，小燕博士急忙贴上创可贴骑着车往学校赶去。

紧赶慢赶，小燕博士总算准时见到了汪教授。“汪教授，我来了，我来了，还好没迟到。”小燕博士用手擦了擦满头的汗。“唉，小燕，你的手咋了？昨天不是还好好的，要紧吗？”这创可贴引起了汪教授的注意。“被自行车脚蹬刮破了。刚才还想问您这有没有碘伏呢，想消个毒来着。”小燕博士倒是不怎么在意。“有有有，先去消个毒吧。唉，你这自行车脚蹬有没有生锈啊？”汪教授领着小燕博士往办公室走，小燕博士猛一抬头，“哎呀，汪教授，你不说我还忘了，好像还真有点锈了。那我是不是要去打个破伤风呀？”汪教授露出了无奈的笑容，“那还是去打一针吧！听说可疼了呢。”小燕博士突然有些害怕了，“我能不能不打呀？我记不清有没有生锈了……”汪教授倒是突然严厉起来，“你要是还想保住你的小命就乖乖去打一针疫苗，被锈铁钉划伤不打疫苗，最后感染破伤风死亡的例子还少吗？可别仗着自己年轻就觉得没事，前不久我还在为一个小伙子惋惜呢！”“啊……我还是老实点去挨一针吧。汪

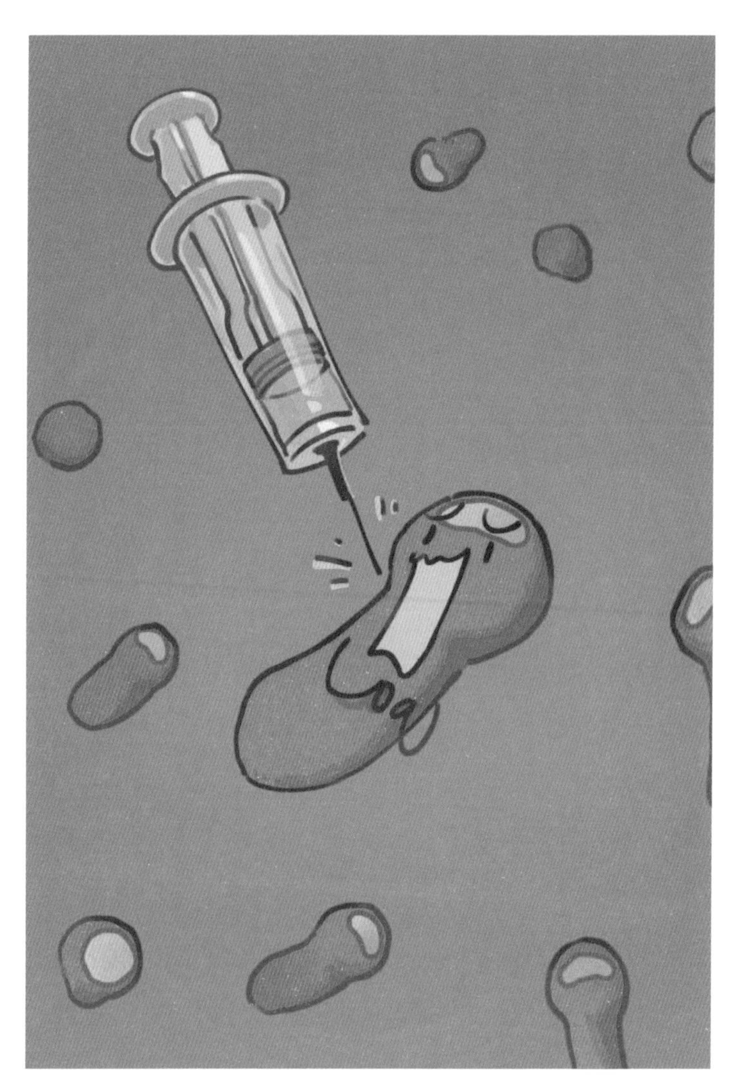

破伤风疫苗杀灭破伤风梭菌

教授，你说的这个小伙子是怎么回事呀？”“这个小伙子是因发热加重、肌肉痉挛、僵硬到急诊科就诊的，本来初步诊断为上呼吸道感染的。医生对他的病史详细了解后才知道，在发病的45天前，他有一个伤口是被一颗生锈的钉子穿刺造成的，他当时没有到医院就诊，更没有打破伤风疫苗。可惜啊，只过了一个月他就病逝了，他才26岁。”汪教授脸上露出了惋惜的神情。

“说完这个令人扼腕的故事之后，我再来给你讲讲破伤风梭菌（*Clostridium tetani*）这个罪魁祸首吧。它是一种比较常见的革兰氏阳性厌氧芽孢杆菌，所以你刚刚在伤口上贴了一个创可贴其实是很利于它生长的。破伤风梭菌本身是不会对人体有多大伤害的，它真正的致病作用是依赖于细菌产生的外毒素。外毒素会使人体出现肌肉痉挛等症状，严重的还会引起呼吸麻痹，甚至导致死亡。”听完汪教授这番话后，小燕博士已经花容失色了，“汪教授，听您说感染破伤风后这么可怕，那我们就没什么方法吗？”小燕博士此言一出，刚喝了一口水的汪教授突然呛了一下，“小燕啊，看来你真是被吓傻了，刚才还知道打疫苗呢，听完上面案例把这茬都给忘了。那我再来好好给你说说这破伤风疫苗吧。”

“破伤风疫苗分为两种。一种是针对破伤风类毒素。破伤风类毒素是利用人工自动免疫的机制来提前建立起对破伤风的免疫防线，如我们国家3~6个月的儿童接种的百白破三联疫苗中有一种就是破伤风类毒素疫苗。另一种就是小燕你现在的情况了，被生锈的物体划破肌肤，或者伤口较深、混有泥土的，我们就要立即注射破伤风抗毒素来形成人工被动免疫，这种抗毒素就有‘神兵天降’的意思了，它可以快速中和破伤风梭菌产生的外毒素，避免前面那种危及生命的情况发生。”小燕博士这时也听得入了神，全然忘了自己手上的伤口，赶忙向汪教授提问道：“汪教授，那我们临床上如何鉴别是否感染了破伤风梭菌呢？我们检验科又是用什么方法找出这个真凶的呢？”

汪教授又抿了一口水，不紧不慢地说道：“对于临床而言，我们一般可以根据破伤风的典型临床表现来进行鉴别，比如肌肉痉挛、四肢抽搐等，再结合详细的病史即可作出临床诊断。目前对破伤风梭菌的微生物学检验方法依然包括传统的直接涂片检查和厌氧培养。我们通常将感染部位的分泌物或坏死组织进行直接涂片革兰氏染色，在显微镜下观察到革兰氏阳性呈典型鼓槌状细菌即可报告，用通俗的话说就是形如敲鼓用的鼓槌的紫色杆状细菌。也可进行厌氧培养，将分泌物或坏死组织在 75~85℃水浴 30 分钟，可以去除很多杂菌，筛选出有活力的芽孢，然后接种到庖肉培养基或普通厌氧琼脂，再经 35℃培养 2~4 天后，在培养基上就可以观察到薄层迁徙样生长的菌落，这就是破伤风梭菌了。”

“为什么把它们称为传统方法呢？说到底还是耗时长，成本高。临床上感染破伤风的患者往往病情危急，易错过最佳治疗时间。因此，传统方法在抗震救灾等需要快速检测的场合就很难派上用场。于是我们需要一种具有创新性的方法，它就是基于环介导的恒温扩增技术（Loop-mediated Isothermal Amplification，LAMP）。这种方法一般采用破伤风梭菌痉挛毒素基因作为靶基因，找到其相对保守的区段设计引物[1]，就好像我们已经知道了破伤风梭菌基因拼图的最终结果，从中选取最具有这幅拼图特色而其他拼图没有的几个区域，将这几块拼图拿掉，分泌物中的所有细菌就好像等待被挑选的新款小拼图们，而破伤风梭菌是唯一的正确答案。这方法既好又快，还可以进一步优化实现对破伤风梭菌的定量测定，30~60 分钟即可得到结果，很适合破伤风梭菌的临床现场检验。”汪教授滔滔不绝的一大段话，让小燕博士听得连连点头，不禁赞叹道："看来这 LAMP 真是个好技术，我得研究研究。"汪教授一听这话急了，"先别急着学习，赶紧去医院打疫苗啊！"

一听这话，小燕博士如梦初醒，赶紧摘掉创可贴，奔出门去打疫苗。

参考文献

[1] 李蒙，刘萍，吴佳燕，等 . 基于环介导恒温扩增法快速检测破伤风梭菌 [J]. 国际检验医学杂志，2011，32（17）：1924-1926.

汪教授有话说

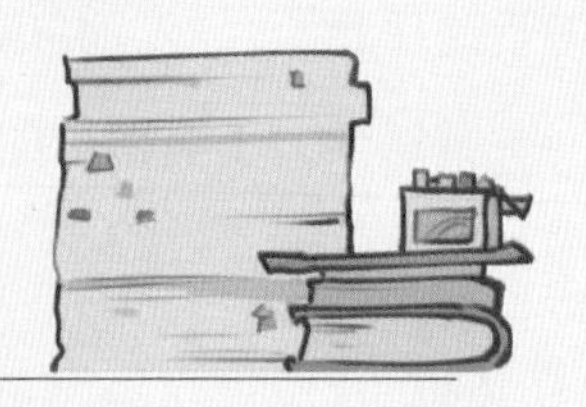

破伤风梭菌隶属于厚壁菌门、梭菌纲、梭菌目、梭菌科、梭菌属，是一种革兰氏阳性杆菌。培养 24 小时后，破伤风梭菌容易变成革兰氏阴性杆菌，单个或成对存在。破伤风梭菌为严格的厌氧菌，但营养要求不高。菌落不规则，中心紧密，周边疏松，似羽毛状，易在培养基表面迁徙扩散。

破伤风梭菌引起的破伤风通常与无感染表现的刺穿伤有关。破伤风梭菌及其芽孢广泛分布于土壤和多种动物的肠道内容物中，可由伤口侵入人体，产生强烈的破伤风毒素，并迅速与神经组织结合，引起典型的麻痹与强制性痉挛。破伤风梭菌的实验室诊断包括涂片革兰氏染色镜检，在组织分泌物中找到典型的革兰氏阳性鼓槌状细菌即可报告。厌氧培养法耗时长，近年来发展起来的 LAMP 等分子生物学技术具有快速的优点，在急救场所应用较多。

5. 饭还是吃自己的比较香！

这天小燕博士脸上挂着满满的笑容兴高采烈地跑去找汪教授。“汪教授！汪教授！走吧走吧，我请您吃饭去。”“什么事儿这么高兴，小铁公鸡都要请我吃饭了。”汪教授哈哈一笑。小燕博士反倒突然害羞起来，“这不是前几天您教了我好多微生物的知识吗，我没事就跟身边的人进行科普，连我妈都夸我最近懂得越来越多了。我就想着请您吃饭表达感谢。”“行啊，你今天这么热情我也不好拒绝。走吧！不过我们得自己吃自己的。”小燕博士皱了皱眉道：“怎么了？汪教授，我请您吃饭怎么还自己吃自己的？”汪教授有点不好意思，咳嗽了两声，“这不是感觉最近自己有点口臭还总是打嗝，工作又忙不过来，还没来得及去查幽门螺杆菌（*Helicobacter pylori*，Hp），怕万一传染给你就不好了。走吧走吧，先吃饭去！”

汪教授和小燕博士一起走到食堂，各自打了饭，找个位置坐了下来。小燕博士这才说道：“汪教授，这个 Hp 我没记错的话就是那个幽门螺杆菌吧？它有这么容易传染吗？”汪教授认真回答道：“这个幽门螺杆菌的实力可不容小觑啊！它主要是在人们之间传播，简单点说，就是一起吃饭一起生活就很容易传染。所以啊，这个幽门螺杆菌在家庭中非常容易传染，一不小心可能全家人都感染了。唉，这不，前不久我才知道一个 16 岁的小男孩因严重胃溃疡

感染人体的幽门螺杆菌

送来了医院，一检查才发现，全家都感染了幽门螺杆菌！”小燕博士拿着筷子的手都顿了顿，非常震惊道：“我只知道现在确实很多人感染幽门螺杆菌。怎么还会得胃溃疡呢？”汪教授微微一笑，“瞧你紧张的，也没那么吓人。快吃饭，吃完我告诉你。”小燕博士马上低下头吃起了饭。

饭后，小燕博士和汪教授来到池塘边散步。汪教授这才解释道，“这就是我为什么说这个幽门螺杆菌实力不容小觑！这个幽门螺杆菌不仅有可能导致胃溃疡，还是慢性胃炎甚至胃癌的危险因素之一呢。就像我刚刚说的那个男孩，他感染幽门螺杆菌后导致了胃溃疡，进一步又造成了胃出血。虽然他的家人也都感染了幽门螺杆菌，情况却没有那么严重，按医生要求治疗，很快就好转了。”小燕博士点了点头，“汪教授，我明白了，也不是所有人都会有这么严重的情况。但是，还是要早发现早治疗才好。那么，我们怎么才能及时发现是幽门螺杆菌感染呢？”

汪教授道：“首先就是我们自己平常要多注意，比如就是我这种情况：最近的口气不是特别清新，还经常打嗝、嗳气。这种情况一旦出现就可能需要去检查一下了。还有几种情况，第一是经常感到腹胀，还没吃东西也觉得腹胀、不适；第二是食欲不佳，没胃口，而且还经常消化不良；第三是出现胃疼、反酸的症状，这就比较严重了，很可能是存在胃部的糜烂、溃疡等[1]。目前检测幽门螺杆菌的技术已经发展得非常好了，基本上只要去医院做个呼气试验就可以了。”小燕博士有点疑惑，问道：“汪教授，这个呼气试验是什么呀？还有什么别的方法吗？你给我仔细讲讲呗。”

汪教授点了点头，说道：“这个呼气试验已经作为目前临床诊断幽门螺杆菌的‘金标准’了。只要让患者口服有稳定性核素 ^{13}C 标记的尿素，如果感染了幽门螺杆菌，该菌的尿素酶就会分解尿素产生标有核素 ^{13}C 的二氧化碳。

我们用一个集气袋将患者呼出的气体收集起来，然后利用同位素比值质谱仪进行检测。

“除了这个呼气试验，还有两种非侵入性试验，分别是血清学检测和粪便抗原检测。人体一旦感染幽门螺杆菌就会产生一系列炎症反应，从而产生免疫反应。那么我们身体里是不是一定会出现抗体呢？这个血清学检测就是利用 ELISA 的方法来检测血清中的抗体水平。不过这个方法有个缺点，就是不能区分是现症感染还是既往感染。简单点说，这个方法就像是失去了眼镜的近视人群，只能识‘形’而不能识‘型’。粪便抗原检测就更简单了，通过免疫层析法、酶免疫法来检测粪便样本中幽门螺杆菌的特异性抗原，让它自己对号入座就行了。

“还有一些比较“粗暴”的方法，就是内镜检查。这个“粗暴”，是指我们可以简单粗暴地直接看看胃黏膜。虽然听起来有点让人瑟瑟发抖，它也是有优点的。对于一些已经有胃部疾病需要检查的患者来说，这种方法可以在明确原发疾病的同时直接判断是否有幽门螺杆菌感染，可以作为一种初筛手段。还有一种方法叫作快速尿素酶试验（Rapid Urease Test，RUT），与呼气试验有着异曲同工之妙。它们都是利用幽门螺杆菌产生的尿素酶将检测剂中的尿素分解生成氨气与二氧化碳，使苯酚磺酞由黄变红，来诊断是否感染幽门螺杆菌。这些方法虽然操作简单,但是由于幽门螺杆菌在胃内的分布不一，它的诊断灵敏度最差。

“讲了这么多种方法，差点把曾经的‘老大哥’给忘了，这个‘老大哥’就是细菌培养的方法，以前还是诊断幽门螺杆菌的金标准呢。不过这个方法耗时太长，对操作技术的要求也很高。需要将胃黏膜活检组织直接或磨碎后接种于含有万古霉素、多黏菌素 B 的 Skirrow 选择培养基上，在微需氧条件下培养 2~6 天后再进行鉴定。是不是听起来很麻烦？不过现在抗生素用得那么多，对于耐药的幽门螺杆菌治疗来说，这种方法还是非常具有指导意义的[2]。

“刚刚我讲的都是一些操作上不那么复杂，临床上用得比较多的方法。还有一些染色的方法也可以用来检测幽门螺杆菌，比如免疫组化染色、特殊染色和嗜银染色法等，都是需要将患者的胃黏膜标本进行脱水、浸蜡、包埋、固定后不同的染色方法用不同的试剂进行染色，然后冲洗、观察[3]。”

小燕博士听完后觉得受益颇多，“哇，光是一个幽门螺杆菌我们就有这么多检测方法呀，现在的检测技术真是越来越发达了！不过我还想问问，都说要防患于未然，那我们要怎么预防幽门螺杆菌呢？”汪教授很欣慰，“小燕啊，你这个问题可是问到点子上了。还记得我前面说的由于感染幽门螺杆菌得了胃溃疡的男孩吗？他的父亲也感染了幽门螺杆菌，但是由于他自己没有其他疾病，就没有怎么在意，只是在家吃饭的时候实行了分餐制而已。所以啊，家里有人感染了幽门螺杆菌的话，最重要的事情就是及时去医院治疗。这个分餐制更是必须，还需要注意日常餐具的消毒。聚餐时我们最好也选择分餐制或者使用公筷，避免交叉感染。对于家长，还需要注意避免口嚼食物后再喂给孩子，避免儿童的感染风险。”

参考文献

[1] 孙叶丹 . 出现胃疼、腹胀，应重视幽门螺杆菌筛查 [J]. 江苏卫生保健，2022（8）：24.

[2] 王婉婉，颜玉 . 幽门螺杆菌感染、检验和药物开发的研究进展 [J]. 广东化工，2022，49（4）102-104.

[3] 邓士杰，喻朝霞 . 免疫组化染色和特殊染色对显示幽门螺杆菌的检验分析 [J]. 医学食疗与健康，2021，19（14）：151-152.

汪教授有话说

幽门螺杆菌隶属于变形菌门、ε- 变形菌纲、弯曲菌目、螺杆菌科。1985 年被命名为幽门弯曲菌，为革兰氏阴性螺旋状或弯曲状，经口—口途径或粪—口途径传播，具有家族聚集性，与胃溃疡、十二指肠溃疡和胃癌等密切相关。幽门螺杆菌产生尿素酶，能够分解尿素，基于这一特性的呼气试验已经作为目前临床诊断幽门螺杆菌的金标准。临床常通过胃镜下取可疑黏膜组织进行快速脲酶试验判断是否感染。但该方法敏感性较差。血清学检测和粪便抗原检测在临床有较多应用。传统的幽门螺杆菌培养时间长、操作不易，不推荐用作常规方法。此外，还有一些针对胃黏膜组织的免疫组化染色方法可用于幽门螺杆菌感染的辅助诊断。

6. 来自大海的“无声杀手”

今年夏天的温度特别高，人们对生腌海鲜的“爱”也是愈发热烈。这天小燕博士在网上冲浪时便看到了一个播吃海鲜的视频，心里有点痒痒。“哇，这些生腌的海鲜看上去也太香了吧，我也好想买点回来试试！”汪教授马上制止道：“这生腌海鲜千万不能乱吃，严重的话有可能小命不保。”小燕博士有些不解，马上问道：“啊？有这么严重吗？我只听说吃生的河鲜容易寄生虫感染，生的海鲜不是没有那么危险吗？汪教授你快跟我说说为什么生腌海鲜这么危险呀。”

汪教授便开始解释道：“虽然海洋里确实没有那么多的寄生虫，但却有一种‘无声杀手’——创伤弧菌（*Vibrio vulnificus*）。这是一种分布广泛的海洋细菌，鱼虾、贝类、螃蟹等被我们吃进肚子里的海鲜都有可能携带这种细菌。这个‘无声杀手’可一点也不简单，一旦感染，发病又急又快，易出现高热、畏寒、双下肢疼痛甚至是坏死，致死率极高。”小燕博士非常惊讶，“这个细菌真有这么危险吗？那我还是老老实实吃熟了的海鲜吧，保住我的小命要紧。”汪教授回答道：“那当然了。这个细菌还专挑软柿子捏呢，有一个患有终末期肝病的男性就因为生食海鲜感染了创伤弧菌，入院第三天就出现弥散性血管内凝血（Disseminated Intravascular Coagulation，DIC）不幸病逝了。”

小心海鲜中的创伤弧菌

小燕博士震惊道：“那这个细菌的危险性这么大，我们要怎样才能及时发现患者是感染了创伤弧菌呢？”

汪教授便开始详细介绍这一“无声杀手”。汪教授说：“这个海洋创伤弧菌虽然很可怕，但健康人并不容易感染，被感染的往往是免疫力低下的人群，其中包括酒精性肝硬化、原有肝病、酗酒、遗传性血色（铁）沉着病和一些慢性疾病如糖尿病、风湿性关节炎、地中海型贫血、慢性肾衰竭、淋巴瘤等。而且不仅是通过生食海鲜感染，只要人的皮肤被藏有这一细菌的海鲜刺破，或者伤口接触到海水都极有可能感染。”

汪教授继续说：“既然它是一种细菌，那最传统的方法当然是利用我们简单又能干的小帮手——显微镜，来看看它在微观世界里是否呈现为红色的、短小的弧线状，再结合生化试验来判断是否为创伤弧菌；并且它还有一个特别明显的特点——嗜盐性，在不含盐或盐度过高的水中都难以存活下来[1]。

“这些传统的方法步骤烦琐，检测时间长。但是创伤弧菌感染后发病又急又快。为了能够快速检测，就有学者发现可以通过免疫学方法检测。一种是 ELISA，通过酶复合物与抗原或抗体结合显色来检测微生物。这种方法就像给创伤弧菌发了一张通行证，只有它能和抗创伤弧菌血清进行交叉反应而呈现出不同的颜色。另一种则是更为便捷的胶体金免疫层析技术，这个名字听起来是不是很高端、大气、上档次？但其实操作起来特别简单。一些厉害的学者研制出了免疫层析试纸条，将其插入溶液后半小时内就可以观察结果了。

“虽然免疫学方法已经很快速了，但是灵敏度还不够高。近几年随着分子生物学的发展，我们还发现了更高级的基因检测方法。这时候就不得不提到耳熟能详的 PCR 方法啦，基于创伤弧菌的某些特定基因片段对要检测的细菌进行扩增就可检测出创伤弧菌了[2]。这些特定基因片段就像是给创伤弧菌做的特殊标记，只有这一种细菌拥有这个特殊标记，这样就能轻松地从一堆细菌中找到创伤弧菌了。也就是我们古人所说的按图索骥！

"在实际检测中使用较多的还有实时荧光定量 PCR 方法，这一方法分为 TaqMan 荧光探针法和 SYBR 荧光染料法两种。这里的 TaqMan 荧光探针法其实就是创伤弧菌 vvhA 基因的一段特异序列，一旦检测到创伤弧菌就会散发出荧光信号。这种方法不但灵敏度高而且操作还很简单，可惜就是成本太高了。价格稍微便宜一些的就是 SYBR 荧光染料法了，同样也是基于创伤弧菌的 vvhA 基因设计引物，对需要检测的菌株进行扩增，只有创伤弧菌能够与引物结合形成 DNA 双链，这些 DNA 双链就像是拼图的这一半，荧光染料就是拼图的另一半，只有把这块'拼图'拼好了才能检测到荧光信号。

"现在人们对细菌的重视度越来越高了，所以很多海产品都需要经过检测。刚刚我所讲述的方法都是临床上经常用到的，还有一种方法——LAMP 在这个时候就可以派上用场啦。它也是一种新的分子生物学方法，但是操作要简单得多，更不需要什么专业仪器。它的原理与实时荧光定量 PCR 法差不多，但是只需要肉眼观察白色沉淀和绿色荧光即可，特别适合于现场快速诊断[3]。"

小燕博士不禁感慨："现在的科研人员真是太厉害了，传统的形态学手段要好长时间才能确定是不是创伤弧菌，现在用免疫学方法和基因检测方法，几十分钟就能搞定。"

"是啊，感染这个创伤弧菌后患者的情况往往十分凶险。因此，越早越快检测到它，就越是给患者多一些活下去的可能。但最重要的还是要尽量避免创伤弧菌的感染。我们不仅要抵挡住生腌海鲜的诱惑，处理海鲜时也要小心，不要被扎破皮肤。有伤口的皮肤更是不能泡在海水里。”汪教授还是不放心，再次提醒道。

小燕博士忙点点头，“美味佳肴远远没有生命重要。我这就赶紧告诉身边的家人和朋友。”

参考文献

[1] 蔡瑞昭，祁少海 . 创伤弧菌生物特性及临床研究进展 [J]. 中华损伤与修复杂志（电子版），2020，15（6）：490-494.

[2] 耿文皓，王学颖，岳明祥 . 创伤弧菌检测方法的研究进展 [J]. 职业与健康，2022，38（6）：861-864.

[3] 夏凡，杨丽君，王静，等 . 病原性海洋弧菌致病机理及其快速检测方法研究进展 [J]. 食品工业科技，2011，32（1）：366-370，376.

汪教授有话说

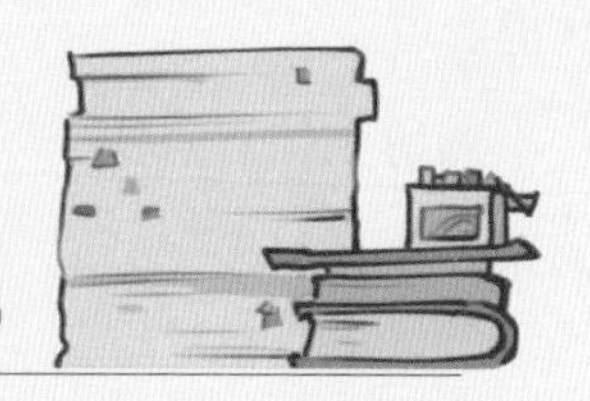

创伤弧菌隶属于变形菌门、γ－变形菌纲、弧菌目、弧菌科，1979年由Reichelt等人首次报道，为革兰氏阴性无芽孢杆菌。创伤弧菌广泛分布在海水中，可从牡蛎等海产品中分离得到，主要引起人类伤口感染、菌血症和败血症等。免疫力低下者尤其易感染。本菌主要通过伤口接触海水造成感染，也可经口感染。创伤弧菌具有嗜盐性，在无NaCl及超过8%NaCl的培养基中不生长，在含6%NaCl的蛋白胨水中生长良好。培养是针对创伤弧菌的传统检测方法，但耗时较长，ELISA血清学检测可用于病原体的快速检测。此外，胶体金免疫层析法、基于扩增技术的PCR方法、LAMP等技术可用于创伤弧菌的快速检测。

7. 谈鼠色变——曾肆虐人间的鼠疫

一天的实验结束了。汪教授正坐在办公室里整理数据，突然听见旁边传来微弱的小猫的叫声。他抬眼望去，便看见一只精神萎靡的小猫趴在地上。汪教授很疑惑，不知这小猫是何时来的。小燕博士解释道："这小猫是我今天出门的时候遇到的。它好像生病了，我正准备把它送去宠物医院呢！"汪教授说道："你可要小心啊！别被挠到了！猫和狗身上都有可能携带鼠疫耶尔森菌。我之前看过一个报道，有个人在外出打猎时杀死了一只生病的野猫并剥了它的皮。可回到家后不久，就发热、寒战和头痛，入院治疗后的第四天就病逝了，最后诊断为鼠疫，还传染给了他的家人。"小燕博士说道："我好像也看过相关的报道，我记得鼠疫是有过好几次全球大流行吧？"

汪教授道："是的。根据文献资料，鼠疫在世界范围内有过三次大流行[1]。第一次鼠疫大流行被称为查士丁尼大瘟疫，发生在公元541—543年，从亚非传播至欧洲，导致2500万人死亡。第二次鼠疫大流行由于患者的嘴唇、皮肤、黏膜呈暗紫色被称为'黑死病'，从14世纪40年代开始肆虐欧洲，是影响最大的一次鼠疫大流行，死亡人数比查士丁尼大瘟疫更多。第三次鼠疫大流行于1855年在中国云南省，并于1894年从香港传播到世界其他地区。在香港暴发期间，亚历山大·耶尔森从鼠疫患者体内分离出鼠疫耶尔

可怕的鼠疫耶尔森菌

森菌（*Yersinia pestis*），也就是鼠疫杆菌，这也证明了鼠疫是由于感染鼠疫杆菌导致的[2]。”

汪教授说："人类极易感染鼠疫杆菌。大多数病例是由跳蚤叮咬传播的，但当人们吸入传染性的呼吸道飞沫、食用受感染的动物、被受感染的动物咬伤或抓伤，以及直接接触受感染的组织或液体时，也可能被感染[3]。大多数人类鼠疫耶尔森菌感染表现为三种主要形式：腺鼠疫、败血症鼠疫和肺鼠疫。

"鼠疫是由于感染鼠疫耶尔森菌导致的，那么鼠疫的诊断主要是检测鼠疫耶尔森菌。经过长期的研究，目前鼠疫耶尔森菌常规检测一般分为四步，分别是显微镜涂片检查、分离培养、鼠疫噬菌体裂解试验和动物实验。第一步，直接涂片镜检我们可以采用革兰氏染色或亚甲蓝染色的方法，染色后镜下可观察到鼠疫耶尔森菌是短小的杆状，两端浓染。第二步，在后续鉴定前，我们先要进行分离培养，一般采用羊血琼脂平板及肉汤培养基，在羊血琼脂平板的菌落为灰白色、较黏稠、粗糙，有时候菌落呈油煎蛋状。在肉汤培养基，有特别的'钟乳石'现象[4]。第三步，培养得到的可疑菌落，我们可以对其进行鼠疫噬菌体裂解试验来进一步鉴定。由于在 18~22℃下鼠疫噬菌体只能裂解鼠疫耶尔森菌，具有较强的专一性，因此鼠疫噬菌体裂解试验成为鼠疫耶尔森菌的特异鉴定方法之一。第四步，动物实验主要是通过接种敏感实验动物，一般是小鼠或豚鼠，观察被感染的动物的症状及死亡时间，检测鼠疫耶尔森菌的毒力。若完成四步检测步骤后，四步均为阳性，即可诊断为鼠疫。

"除常规方法外，血清学方法和分子生物学方法也在鼠疫耶尔森菌的鉴定方面有重要价值。血清学方法中 ELISA 一直是细菌血清学检测的重要方法，目前已经有检测鼠疫耶尔森菌的 ELISA 试剂盒[5]。鼠疫耶尔森菌具有特异性荚膜抗原——F1 抗原，在感染鼠疫耶尔森菌后，血清中会出现抗 F1 抗体，采用双抗原夹心法的原理即可定量检测 F1 抗体。这种方法特异性、敏感性均较好，可以用于鼠疫的追溯诊断及暴发鼠疫的流行病学监测。分子生物学方法包括 PCR、双重 PCR、实时荧光定量 PCR、巢式 PCR、LAMP 等。双重 PCR 是在 PCR 的基础上，在鼠疫耶尔森菌的 pla 与 caf1 基因核苷酸序列区，合成两对引物，可提高检出率，降低漏诊率[6]。研究人员还开发了一种五轴荧光定量 PCR 方法[7]，对五个靶点基因进行实时荧光定量 PCR，不仅可以检测到鼠疫杆菌和假结核分枝杆菌，还可以根据质粒谱区分不同的耶尔森菌，具有较高的灵敏度和特异性，可用于现场调查，以快速鉴定鼠疫病原体。

“以上检测方法都是检测鼠疫耶尔森菌的有效方法，各有特点。常规的四步检测法是很好的检测鼠疫耶尔森菌感染的方法，但不能定量检测。血清学方法可以定量，但不能快速检测。分子生物学方法可以定量，也可快速检测，但价格较昂贵。在临床上，我们可以根据不同的情况选择不同的检测方法。”

汪教授有话说

鼠疫耶尔森菌隶属于变形菌门、γ－变形菌纲、肠杆菌目、肠杆菌科、耶尔森菌属，革兰氏阴性菌，直杆状到球杆状，无芽孢，动力阴性。按照地域分布，该菌种分为 3 个生物群：古代群发现于中亚和中非；东方型群广泛分布于世界各地；中古群型发现于伊朗和苏联。在我国，鼠疫耶尔森菌被列为甲类传染病病原体，其引起的鼠疫是一种经鼠蚤传播的烈性传染病，也是广泛流行于野生啮齿类动物的一种自然疫源性疾病。鼠疫主要有 3 种临床类型：腺鼠疫、肺鼠疫和败血性鼠疫。腺鼠疫最常见，肺鼠疫常继发于腺鼠疫和败血性鼠疫，可直接吸入气溶胶引起原发性感染，导致出现人传人的情况。鼠疫耶尔森菌常规检测一般分为四步，分别是显微镜涂片检查、分离培养、鼠疫噬菌体裂解试验和动物实验。此外，血清学 ELISA 法检测鼠疫抗体，PCR 等分子生物学方法直接检测病原体也有较广泛的应用。

参考文献

[1] HØIBY N. Pandemics：Past，Present，Future：That is Like Choosing Between Cholera and Plague. APMIS. 2021，129（7）：352-371.

[2] XU L，STIGE L C，LEIRS H，et al. Historical and Genomic Data Reveal the Influencing Factors on Global Transmission Velocity of Plague During the Third Pandemic. Proc Natl Acad Sci U S A. 2019，116（24）：11833-11838.

[3] ABBOTT R C，ROCKE T E. Plague：U. S. Geological Survey Circular 1372，2012：79.

[4] 马彩霞 . 鼠疫检测法 [J]. 中国国境卫生检疫杂志，2005（2）：77-78.

[5] 常娅莉，席仲兴，吴智远，等 . 鼠疫菌 F1 抗体双抗原夹心 ELISA 诊断试剂盒的研制 [J]. 中国生物制品学杂志，2013，26（12）：1801-1804.

[6] RAHALISON L，VOLOLONIRINA E，RATSITORHINA M. Diagnosis of Bu-Bonic Plague by Pcr in Madagascar under Field Condition [J]. Clin Microbial，2000，38（1）：260-263.

[7] BAI Y，MOTIN V，ENSCORE R E，et al. Pentaplex Real-time PCR for Differential Detection of Yersinia Pestis and Y. Pseudotuberculosis and Application for Testing Fleas Collected during Plague Epizootics. Microbiologyopen，2020，9（10）：1105.

8. 藏在伤口里的“葡萄”

连续数天阴雨绵绵，今天终于迎来了明媚的阳光。小燕博士和汪教授心情大好，决定出门散步。雨后空气清新，令小燕博士和汪教授心旷神怡。他们走上一座小桥，潮湿的地面已经被太阳晒干，除了桥下浑浊的溪水，再也看不出下雨的痕迹。继续往前,他们路过一家果园。果园里种着一排排葡萄树，阳光洒在藤蔓上，穿过郁郁葱葱的叶子的缝隙，照在饱满的紫莹莹的葡萄上。小燕博士感叹：“已经到葡萄成熟的季节了，好想吃葡萄啊！”汪教授看到面前一串串的葡萄，说道：“看到这么多葡萄，我倒是想起了一种细菌——金黄色葡萄球菌（*Staphylococcus aureus*）。它的排列方式很像一串串葡萄。”

见小燕博士十分感兴趣，汪教授继续说道：“虽然金黄色葡萄球菌长得像葡萄，可是并不像葡萄一样好吃哦。相反，我们可要避免食物里存在金黄色葡萄球菌！金黄色葡萄球菌在我们的环境中广泛存在，也是人类化脓感染中最常见的病原菌。伤口感染之后的特点有黏稠、金黄色的脓液，伤口周围红肿，与正常部位界限清楚等。如果手上有伤口，人们很容易接触污染食物，食用污染食物，从而导致食物中毒。除此之外，金黄色葡萄球菌也可引起肺炎、假膜性小肠结肠炎、心包炎，甚至败血症、脓毒症等全身感染。

“说到病原菌，当然不能不谈到它的检测方法。最简单的方法是直接涂片染色。金黄色葡萄球菌是革兰氏阳性菌。革兰氏染色后呈紫色，在显微镜下我们可以看到它就像一串串的葡萄。当然直接涂片染色是不能鉴定细菌的，只能为后续的鉴定提供参考。毕竟细菌是一个十分庞大的家族，说不定有同它十分相似的‘兄弟姐妹’呢?

“为了探究细菌的‘真实身份’，我们就要做各种鉴定试验。在鉴定细菌之前，当然要先培养细菌。把标本接种在血平板上，血平板里有各种细菌生长所需的营养物质，如果标本里有细菌，在培养 18~24 小时后就会长出菌落。在血平板上，金黄色葡萄球菌的菌落呈金黄色或淡黄色，但与一些不同的菌的菌落形态相似，所以这时我们并不能确定是不是金黄色葡萄球菌。因此，需要进行细菌的鉴定。我们可以将可疑菌落做鉴定试验。比较常规的鉴定方法是通过生化反应进行鉴定。金黄色葡萄球菌触酶试验阳性、氧化酶试验阴性、甘露醇发酵试验阳性、血浆凝固酶试验阳性。只要我们做出的结果与金黄色葡萄球菌的生化反应结果相符，就可以鉴定了。

“除了生化反应，现在常用的细菌鉴定方法还有 MALDI-TOF MS。MALDI- TOF MS 的原理是先使细菌中的分子电离，再检测不同质荷比的离子，生成蛋白质组指纹图谱。不同的细菌会有不同的图谱，我们只要把已知的细菌的图谱建成一个图谱库，将未知的细菌的图谱与图谱库进行比对，就可以达到鉴定细菌的目的。相比于生化反应，MALDI-TOF MS 的操作更简单、更高效。

“虽然常规方法都能很好地鉴定金黄色葡萄球菌，但是需要先培养再鉴定。培养需要的时间比较长，整个检测流程的时间也相对较长。为了缩短总的检测时间，免疫学方法和分子生物学方法也被我们用来检测金黄色葡萄球菌。免疫学方法的原理是抗原抗体的特异性结合。金黄色葡萄球菌会产生肠毒素，我们制备酶标记可以特异性识别结合肠毒素的抗体，肠毒素与抗肠毒素抗体结合，就可以检测肠毒素的量，也就可以检测金黄色葡萄球菌是否存在菌的量。目前使用较多的是通过 ELISA 检测的试剂盒。分子生物学方法比较常见的是实时荧光定量 PCR，原理是从标本中提取 DNA，并通过 PCR 反应扩增金黄色葡萄球菌的 DNA，通过读取荧光探针产生的荧光，即可实时监测 DNA 的量，也就可以对金黄色葡萄球菌定量检测。免疫学方法和分子生物学方法相比于常规检测方法，检测的时间并不短。但是免疫学方法和分子生物学方法都不需要分离培养，可以节省培养的时间，从而极大地缩短总的检测时间。”

参考文献

[1] 郭梦冉，董兵，李聪，等 . 荧光定量 PCR 检测金黄色葡萄球菌方法的建立及应用 [J]. 河北农业大学学报，2018，41（3）：72-76，83.

[2] 高秀洁，李杰，刘红军 . 耐甲氧西林金黄色葡萄球菌实时荧光 PCR 检测方法的建立和评价 [J]. 分子诊断与治疗杂志，2009，1（1）：6-9.

[3] 张月玲，马涛，庞世超，等 . 临床微生物检测中荧光定量 PCR 技术的应用研究 [J]. 航空航天医学杂志，2021，32（1）：58-59.

[4] 杨波，刘洋，佟成媛，等 . PCR 检测技术在金黄色葡萄球菌肠毒素检测中的应用分析 [J]. 中国伤残医学，2015（12）：114-114.

[5] 韩慧，胡子有，姚芳，等 . TaqMan 探针法荧光定量 PCR 检测脑脊液细菌方法的建立及应用 [J]. 现代检验医学杂志，2011，26（1）：6-8.

[6] LIU Y，ZHANG J，JI Y. PCR-based Approaches for the Detection of Clinical Methicillin-resistant Staphylococcus Aureus. Open Microbiol J. 2016，14（10）：45-56.

[7] 郭京蓉，袁玉兰，周继唯，等 . 6 株金黄色葡萄球菌菌株的鉴定 [J]. 中国生物制品学杂志，2014，27（12）：1534-1538，1542.

汪教授有话说

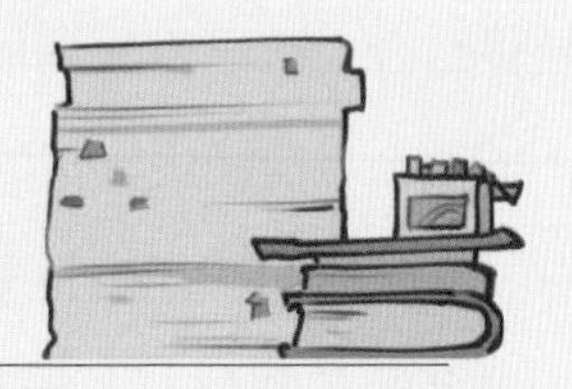

金黄色葡萄球菌是一种革兰氏阳性菌，隶属于厚壁菌门、芽孢杆菌纲、芽孢杆菌目、葡萄球菌属，菌体呈球形，单个存在，在多个平面上分裂，形成不规则的葡萄状簇。典型的金黄色葡萄球菌可产生黄色脂溶性色素，在血平板上呈金黄色，因此而得名。金黄色葡萄球菌是一种凝固酶阳性葡萄球菌，可产生多种侵袭性酶和外毒素，引起侵袭性感染（如皮肤软组织感染、血流感染等）和毒素性疾病（包括食物中毒、烫伤样皮肤综合征和毒素休克综合征）。针对金黄色葡萄球菌，临床上常规的检测方法多基于培养的方法，利用生化反应，或应用MALDI-TOF MS根据蛋白质指纹图谱进行菌种鉴定。此外，一些免疫学方法如ELISA检测金黄色葡萄球菌肠毒素，PCR方法检测金黄色葡萄球菌核酸，大大缩短检测流程，在公共卫生领域有一定的应用。

9.“小小”刺身中捣鬼的副溶血弧菌

这天，小燕博士饭后刷朋友圈，看到熟悉的王伯伯一家三口和李伯伯一家三口相约就餐，却都“倒霉”进了医院输液。小燕博士在王伯伯朋友圈底下评论道：“王伯伯，你们今天中午吃了啥呀？”王伯伯回复道：“吃了刺身和海鲜，现在肚子痛得不行，还上吐下泻的，医院说是副溶血弧菌（*Vibrio parahaemolyticus*）感染。”小燕博士喃喃重复着：“副溶血弧菌，哎，这个菌是……”一旁正在休息的汪教授听到后，便问道：“怎么，小燕你有亲朋好友感染这个菌了吗？是吃了什么生食吗？”小燕博士忙道：“是呀是呀，现在正在医院呢，都难受得不得了，汪教授您能跟我讲讲这个菌吗？”于是汪教授说道：“副溶血弧菌感染以后主要会有一些肠胃症状，伴有恶心、呕吐、肚子痛、低热。腹泻的时候，粪便往往是呈水样的，有的还会带着点血性[1]。它在沿海城市发病的会多一点，目前已经成为我们国家首要的食源性致病菌了[2]。”小燕博士恍然大悟道：“汪教授，王伯伯他们就是您说的这些症状，他们今天中午吃的还是刺身。”汪教授点点头，说道：“那很大概率是因为刺身被污染了没有处理好。”小燕博士又连忙问道：“原来如此。那这个副溶血弧菌有哪些检测方法？”

汪教授道：“副溶血弧菌主要来自海产品，是一种嗜盐性细菌。它可娇

刺身中的嗜盐性细菌——副溶血弧菌

贵了，不仅必须生长在含盐环境中，甚至对环境中的盐浓度都有要求。它在 6% 和 8% 氯化钠蛋白胨水中生长得可好了，却在含有 10% 氯化钠蛋白胨水和不含有氯化钠的环境中不生长。你说它是不是还挺挑剔？”小燕博士笑着点头。

汪教授接着道：“我们在对副溶血弧菌进行检测时，菌量越多自然是越有利的。因此我们首先要对采集的标本进行增菌处理，按照一定的配比把样本和氯化钠蛋白胨水混合进行培养，让菌快速变多，再接种到 TCBS 琼脂培养基上。因为它不发酵蔗糖，这时便会出现很好看的蓝绿色菌落，可特别了呢！

“副溶血弧菌还有一个神奇的现象，这个现象有个很好听的名字叫神奈川现象：在我萋琼脂上，接种部位周围会产生灰白色的菌落，菌落周围内会有一个宽宽的透明的溶血环。但是在血琼脂平板上，要么是啥也没有，要么会出现一个小小的草绿色的溶血环。你说神奇不神奇？有的时候我不禁感叹，看似一个小小的微生物，它们连接的却是一个多姿多彩的大世界。

“副溶血弧菌在致病过程中会产生毒素，从而在我们的身体中胡作非为。殊不知，这给我们提供了逮住它的一种方法——我们可以通过用基因探针测定毒素基因或免疫学方法测定毒素本身，来看看到底是不是它在捣乱。

“此外，我们还有另外的方法，比如通过使用已制备好的胶体金板条进行定性。这种方法很方便，但其灵敏度需进行优化[3]；还有是通过使用分子的方法——荧光定量 PCR 的方法进行定量，这种方法的灵敏度和特异度很好[4]；另外还可以通过生化鉴定试剂盒等，抓它于无形，因此它想逃出我们专业检验人员的手掌心，可难着呢[5]！”

小燕博士感慨道：“原来如此，小小一个副溶血弧菌居然还有这么大的门道，今天可算见识到了。看来以后食用生食品还是得多注意啊。”

汪教授有话说

副溶血性弧菌隶属于 γ－变形菌纲、弧菌目、弧菌科、弧菌属，是一种多形态的革兰氏阴性球杆菌。其菌体呈弧状、丝状、杆状等，在不同的培养基会呈现不同的形态，在液体培养基运动性较强。副溶血弧菌嗜盐畏酸，可形成特征性的神奈川现象。广泛存在于海水和海产品中，是我国沿海地区常见的食物中毒病原菌，7~9 月高发。副溶血弧菌菌株本身有一定的侵袭力，还可产生多种兼具溶血活性和肠毒素作用的溶血素。一旦感染副溶血弧菌后，人体可表现为腹痛、腹泻、呕吐和低热等症状，脐部阵发性绞痛为其特点，粪便多为水样便。针对副溶血弧菌的检测，病原学检测是金标准，粪便标本培养出病原体或分子生物学方法检测到副溶血弧菌的核酸均有助于诊断。

参考文献

[1] 乔华林，章俊 . 副溶血弧菌的致病性及其检验和测定 [J]. 水产科学，1999（4）：28-30.

[2] 陈瑞英，鲁建章，苏意诚，等 . 食品中副溶血性弧菌的危害分析、检测与预防控制 [J]. 食品科学，2007，28（1）：341-347.

[3] 朱慧，李嘉文，绳秀珍，等 . 副溶血弧菌胶体金快速检测试纸的研制及应用 [J]. 中国海洋大学学报（自然科学版），2021，51（3）：24-33.

[4] 陈琳，周青青，顾青，等 . 实时定量 PCR 法快速检测水产品中的副溶血性弧菌 [J]. 浙江农业学报，2019，31（5）：823-828.

[5] 中华人民共和国国家卫生和计划生育委员会 . 食品微生物检验副溶血性弧菌检验：GB 4789.7—2013 [S].

10.“暴戾”男孩长出的“妊娠纹”

休息时间，小燕博士正在刷着短视频。一条视频吸引了小燕博士的注意力——“震惊！‘暴戾’男孩长出了‘妊娠纹’！”视频中的男孩喘着粗气，腋窝和肿胀的大腿上确实有着类似于妊娠纹的纹路。画外音提及这个男孩只要遇到一点小事就想通过暴力来解决，有时还会产生妄想。镜头一转，男孩还赫然咳出了一口鲜血。视频的最后，博主也对男孩症状的原因做了大揭秘——原来是巴尔通体（Bartonella）感染惹的祸，而男孩也在抗生素的治疗之下恢复了健康，并腼腆地向主治医生道谢。小燕博士喃喃地自言自语着：“巴尔通体……”这时汪教授正好推门进来，听到了就笑着问道：“怎么，小燕今天上班的时候碰到巴尔通体感染的标本了吗？”小燕博士抬头看看汪教授，笑着道：“那倒没有，刚刚刷到了这条视频，汪教授您瞧！”

汪教授接过手机看完视频后，坐到小燕博士对面说：“猫猫狗狗和人都是会感染巴尔通体的。有些人感染之后是急性的，有些人是慢性的，有些人发病后还会反反复复，麻烦得很。所以说咱们在‘撸’外头的猫猫狗狗的时候，还是有一定风险的。人感染之后往往会有菌血症的发生，有的还伴有发热、感染性心内膜炎、中枢神经系统紊乱、肝紫癜症。随着感染性心内膜炎，他的心脏功能就会受损。你看，这个视频里的男孩有咯血、气喘、水肿。

这些可能都和他感染这个病原体之后心脏功能受损有关。这个男生的暴力倾向和妄想发作的症状很可能是因为中枢神经系统紊乱造成的。通过抗生素治疗之后，这些病就都没了，估计就是因为肝紫癜症这一并发症，所以男孩身上那些地方看起来像是有妊娠纹一样。”小燕博士恍然大悟道：“原来是这样，巴尔通体的并发症可真多啊。有一句话叫早发现、早诊断、早治疗，这个坏东西可得早点发现。汪教授，您能不能再跟我讲讲怎么才能检测出巴尔通体[1]？”

汪教授笑着点点头，说道：“微生物嘛，观察菌落的形态是十分重要的。巴尔通体的菌落可是个善变的主儿。刚开始培养的时候是凹陷，培养着培养着，这个特征就没了；菌落刚开始培养的时候是干燥的，培养着培养着，又变成黏糊糊的了[2]。但是巴尔通体很挑剔，要一个特殊的环境又要特定的营养条件，成长的速度又慢，所以咱们临床实验室里不太用这种方法。”

他继续说：“如今综合医院都十分讲求效率，因此在临床实验室中也常有全自动细菌鉴定系统。在自动鉴定系统中，样本会进行一系列的生化反应，并在测试卡上有所反应。将测试卡上反应的结果在系统中进行比对就可以知道这个菌种到底是什么啦。

“现在，分子生物学的发展非常快速。PCR 技术在鉴定巴尔通体的应用中，具有敏感性和特异性。我们在实验室中可以先把已经纯化的巴尔通体菌株做成 DNA 模板，进行 PCR 扩增，并将扩增产物电泳后在紫外线下拍照。如果出现目标带就说明之前那个可疑菌株确实是巴尔通体。这个方法可敏感了，但是要进行上述步骤的话需要昂贵的仪器，这就使得检测成本较高，限制了这种方法的推广。

“另外，除了将巴尔通体纯化扩增后进行电泳判读的方法之外，也有将巴尔通体纯化扩增后根据扩增产物的 Tm 值，做熔解曲线。这种方法有着高度的特异性和灵敏性，比电泳的方法更好一些 [3]。

“此外，现在还有一种技术叫作纳米孔测序技术。这种方法就是在纳米孔两端都加一个电场。不同菌种的核苷酸碱基序列是不一样的，当不同的碱基进入纳米孔两端的时候，它们就会显示出不同的电流信号，从而可以测定核苷酸的碱基序列。再将此碱基序列与测序文库进行比较，比一比找一找，就能知道咱们测的这个菌是什么菌了。这种方法在未来可能发展成为一种便携式的仪器，为临床检验的发展添砖加瓦。随着技术的发展，这种技术的实用性将会越来越大 [4]！

“间接免疫荧光（Indirect Immunofluorescence，IIF）是目前实验室检测巴尔通体最常用的方法。目前市面上已经有 IIF 试剂盒售卖。将待测血清稀释一定比例，滴加于抗原孔中，充分反应，清洗干燥后滴加由荧光素标记的特定抗体，最后再清洗、干燥。在荧光显微镜下，巴尔通体的形态大多是杆状的或者点状。通过判读片子的滴度，尤其是如果能在感染后的不同时间段获取两份血清，就可以通过判读这两个片子的滴度有没有上升来判断是否有巴尔通体的感染。你看，我之前讲的 PCR 方法还要去做一个菌株的纯化，而这个 IIF 法直接用患者的血清就能解决。而且，IIF 法的仪器和试剂盒都比 PCR 法便宜，在价格上有着独有的优势。当然不同种的巴尔通体需要不同的试剂盒，不同的实验室之间的操作也会导致诊断的准确性有所降低 [2]。”

最后，汪教授说：“我相信，随着科学技术和检验医学的不断发展，我们定能在不久的将来更加快速准确地鉴定菌种！”

汪教授有话说

巴尔通体隶属于变形菌门、α－变形菌纲、根瘤菌目、巴通体科，是一类革兰氏染色阴性、营养条件苛刻的寄生杆菌。巴尔通体可在人和动物之间传播，主要以哺乳动物为宿主。不同种类的巴尔通体可导致猫抓病、五日热、卡里翁病等不同人畜共患疾病，其中汉塞巴尔通体最为常见，可导致猫抓病、淋巴结肿大、心内膜炎、视神经炎等。巴尔通体感染诊断的金标准为病原体的分离培养，但耗时长，临床较为少用；IIF 是目前实验室检测巴尔通体最常用的方法；近年来新兴的二代测序方法对于少见病原体的检测优势显著，在巴尔通体的检测上崭露头角。

参考文献

[1] 陈琦，杨德全，李凯航，等．巴尔通体感染哺乳动物的研究进展 [J]. 上海畜牧兽医通讯，2017（2）：22-24.

[2] 叶曦，姚美琳，李国伟．巴尔通体实验检测技术简介 [J]. 中国人兽共患病学报，2007（11）：1160-1162.

[3] 刘云彦，宋秀平，刘起勇，等．应用实时高分辨率熔解曲线技术检测巴尔通体 [J]. 中国人兽共患病学报，2015，31（11）：1027-1032.

[4] 栗冬梅，周若冰，李寿江，等．纳米孔测序实时检测鼠传巴尔通体 [J]. 中国媒介生物学及控制杂志，2021，32（4）：390-397.

11. 小皮疹，大麻烦

最近，小燕博士听闻附近的幼儿园有大范围的猩红热病传播，幼儿园也已经暂停授课，亲戚天天抱怨没人带小孩儿。小燕博士来向汪教授请教：“汪教授，这个猩红热到底是个什么病呀？”

汪教授给小燕博士科普道：“猩红热是一种通过空气中的飞沫、粪便、咳嗽、打喷嚏等途径来进行传播的急性呼吸道传染病，多数是由于感染A族β型溶血性链球菌（*Streptococus hemolyticus*）所致。春秋两季是传染的高峰期。”小燕博士：“原来是由细菌引起的呀，那这个A族链球菌是个什么样的细菌呀？”汪教授说：“A族链球菌单个菌体呈球形或卵圆形，直径约1微米；排列成链状或成双排列，链的长短受环境因素影响而不同；革兰氏染色阳性，随着培养时间延长或菌体死亡，可表现为革兰氏染色阴性；同时它们没有鞭毛，不形成芽孢。A族链球菌有发丝样M蛋白，外包裹脂磷壁酸的菌毛结构。大多数A族链球菌培养早期（2~4小时）可形成透明质酸荚膜，随着培养时间延长，由于细菌产生的透明质酸酶而将其降解后消失。”

汪教授继续说：“之前有一位7岁的女童因为有相似症状却没有及时得到治疗，导致病情恶化，数日内便休克死亡。但实际上猩红热病并不是很可怕的疾病，只要我们平时做好个人防护，发现异常症状及时就医，大部分患者

A族链球菌引起的猩红热

经过科学规范的治疗都能够痊愈。所以A族β型溶血性链球菌的早期诊断是十分有价值的。目前常用的检测方法有很多，最传统的方法就是取伤口、咽喉等病灶处的脓液标本，涂片后进行革兰氏染色镜检，观察细菌形态是否为链球菌；同时将怀疑为链球菌感染的标本在血琼脂平板上培养，培养基中加入10%二氧化碳，有助于形成典型的溶血现象，A族β型溶血性链球菌在血平皿上数小时或数天后形成菌落。分离培养以后可继续用药敏试验，进一步对分离出来的菌群分型。目前，细菌培养仍是A族β型溶血性链球菌感染诊断的金标准。但因其耗时长，对早期用药指导意义不大[1]。

“科研人员把几乎存在于所有A族链球菌中相对保守的一种分泌蛋白——DNase B基因作为特定靶序列，建立了检测β型溶血性链球菌的PCR方法。当我们获取患者感染处的标本后，采用该试验设定的方法提取样本中的DNA，加入反应体系中扩增。根据特异性实验结果，引物仅对β型溶血性链球菌出现阳性扩增，根据拷贝数即可判断是否存在乙型溶血性链球菌。据敏感性实验，本方法最低可检出β型溶血性链球菌83.8 pg/μL[2]。这种方法特异性高，灵敏度好，且检测方便、迅速，结果可靠，也是现在最常用的诊断方法之一。

“此外，A族链球菌抗原快速检测方法（胶体金法）也能够快速检测链球菌[3]。胶体金法是由氯金酸（$AuCl_4H$）在还原剂（如白磷、抗坏血酸、枸橼酸钠、鞣酸等）作用下，可聚合成一定大小的金颗粒，并由于静电作用成为一种稳定的胶体状态，形成带负电的疏水胶溶液。由于静电作用而成为稳定的胶体状态，故称胶体金[4]。胶体金在弱碱环境下带负电荷，可与蛋白质分子上的正电荷基团结合而不影响蛋白质本身的性质。胶体金标记，实质上是蛋白质等高分子被吸附到胶体金颗粒表面的过程。在金标蛋白结合处，在显微镜下可见黑褐色颗粒。当这些标志物在相应的配体处大量聚集时，肉眼可见红色或粉红色斑点。利用这个原理，将特异性的抗原或抗体以条带状固定在膜上，胶体金标记试剂（抗体或单克隆抗体）吸附在结合垫上，当待检样本加到试纸条一端的样本垫上后，通过毛细作用向前移动，溶解结合垫上的胶体金标记试剂后相互反应，当移动至固定的抗原或抗体的区域时，待检物与金标试剂的结合物又与之发生特异性结合而被截留，聚集在检测带上，可通过肉眼观察到显色结果。同理，A 族链球菌抗原也能被相应的胶体金试剂捕捉到并显色，因而我们能够快速观察到检测结果。

“除了上面这几种方法外，Dick 试验也可作为猩红热的诊断依据。Dick 试验（Dick test）是一种皮内试验，注射 0.1 毫升含有 1 个皮肤试验量的链球菌红疹毒素于受试者一侧前臂皮内，6~24 小时出现直径大于 1 厘米红斑者为阳性反应，提示受试者对该毒素无免疫力，体内无相应抗体，如感染链球菌可能患猩红热。注射局部无反应或红斑小于 1 厘米者为阴性反应，说明受试者对该毒素已产生抗体，有免疫力。如感染链球菌不再患猩红热，但可患扁桃体炎、丹毒等其他链球菌感染性疾病，因为患者仅对链球菌的红疹毒素有免疫力，对链球菌的其他成分不一定有免疫力。若早期 Dick 试验结果呈阳性，恢复后转为阴性，可作为猩红热的诊断依据。此外，还有抗链球菌 DNA 酶试验，其主要由 A、C、G 族链球菌产生。此酶能分解黏稠脓液中具有高度黏性的 DNA，使脓汁稀薄易于扩散。用链激酶、链道酶制剂进行皮肤试验，利用迟发性超敏反应的原理，可以作为测定机体细胞免疫功能的一种方法[5]。”

最后，汪教授说：“猩红热这种疾病目前还没有有效的疫苗可以进行预防，所以生活中一定要多加注意，勤洗手，不与患者共进餐。如若发现异常，要及时就诊！”

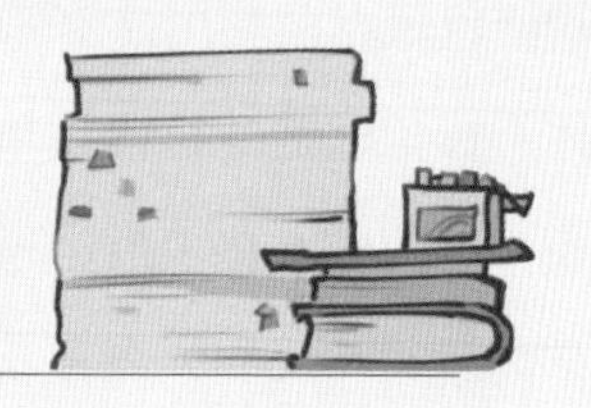

汪教授有话说

A 族 β 型溶血性链球菌是一种革兰氏阳性球菌，营养要求高，10% 的二氧化碳环境可促进生长，其在血平板上可形成典型的 β 溶血现象。A 族 β 型溶血性链球菌可产生多种胞外酶及毒素（包括脂磷壁酸、M 蛋白、制热外毒素、溶血素、透明质酸酶、链激酶、链道酶等），具有较强的侵袭力。猩红热是由 A 组 β 型溶血性链球菌引起的急性呼吸道传染病，主要临床症状为发热、咽部肿痛、草莓舌、全身弥漫性鲜红色皮疹和疹后脱屑。人群普遍易感，其中儿童为主要易感人群。空气飞沫传播是其主要的传播途径。A 族 β 型溶血性链球菌的分离培养及药敏试验对于猩红热的诊断和抗菌药物使用有重要价值。PCR 法对于 A 族 β 型溶血性链球菌的快速检测有重要意义，胶体金法对于病原体抗原的检测优势明显，快速方便，在临床上有一定的应用。此外，Dick 试验也可辅助诊断猩红热。

参考文献

[1] 郑雪燕 . 实时荧光定量 PCR 检测 B 族溶血性链球菌价值的 Meta 分析 [D]. 重庆：重庆医科大学，2016.

[2] 赵青，凤晓博 . A 族乙型溶血性链球菌的 PCR 检测 [J]. 四川畜牧兽医，2015（299）：32-35.

[3] 李泓馨，周林，徐婧，等 . A 族溶血性链球菌抗原检测的应用及药敏分析 [J]. 北京医学，2019（11）：1010-1012.

[4] 杨文胜，高明远，白玉白，等. 纳米材料与生物技术 [M]. 北京：化学工业出版社，2005.

12. 炭疽卷土重来？不慌！知己知彼，百战不殆

前几天汪教授陪孩子去动物园玩，回来后便同小燕博士讲："这冬天一到，动物园里少了许多生机。"小燕博士说："这是为何？"汪教授说："在冬天，很多生物的生命活动几乎到了停止的状态，进入休眠状态。只有冬天过去，才会重新苏醒。"小燕博士若有所思地问道："那细菌界中有需要休眠的吗？"汪教授说："当然，有些细菌在不利于其生长的条件下会形成一个休眠体，名叫芽孢。你可不要小看这个芽孢，它对很多不良环境都有极强的抵抗力，可以在外界险恶的环境下平安存活。此外，它还会感染人呢。在感染人后，它便在人体内萌发为正常细菌，并在人体内大量繁殖，有极强的致病能力，严重威胁着人们的生命健康。炭疽杆菌（*Bacillus anthraci*）就是其中最为强悍凶猛的一个。"小燕博士听后非常好奇："那炭疽杆菌究竟如何厉害？汪教授，您快给我讲讲。"汪教授随即解释道："炭疽杆菌于1876年由德国医生罗伯特·科赫发现。它可以引起一种叫炭疽的疾病，是人类历史上第一个明确识别的细菌病原体。炭疽杆菌一般不会直接感染人类，它在外界环境中往往形成芽孢，可以抵御很强的紫外线、高温等恶劣环境，从而长时间存活于土壤、草原等环境。牛、羊、马等食草动物会通过食入草料、土壤中的炭疽芽孢而发病，通常很快死亡。人们在接触了这些患病动物的粪便、尸体及污

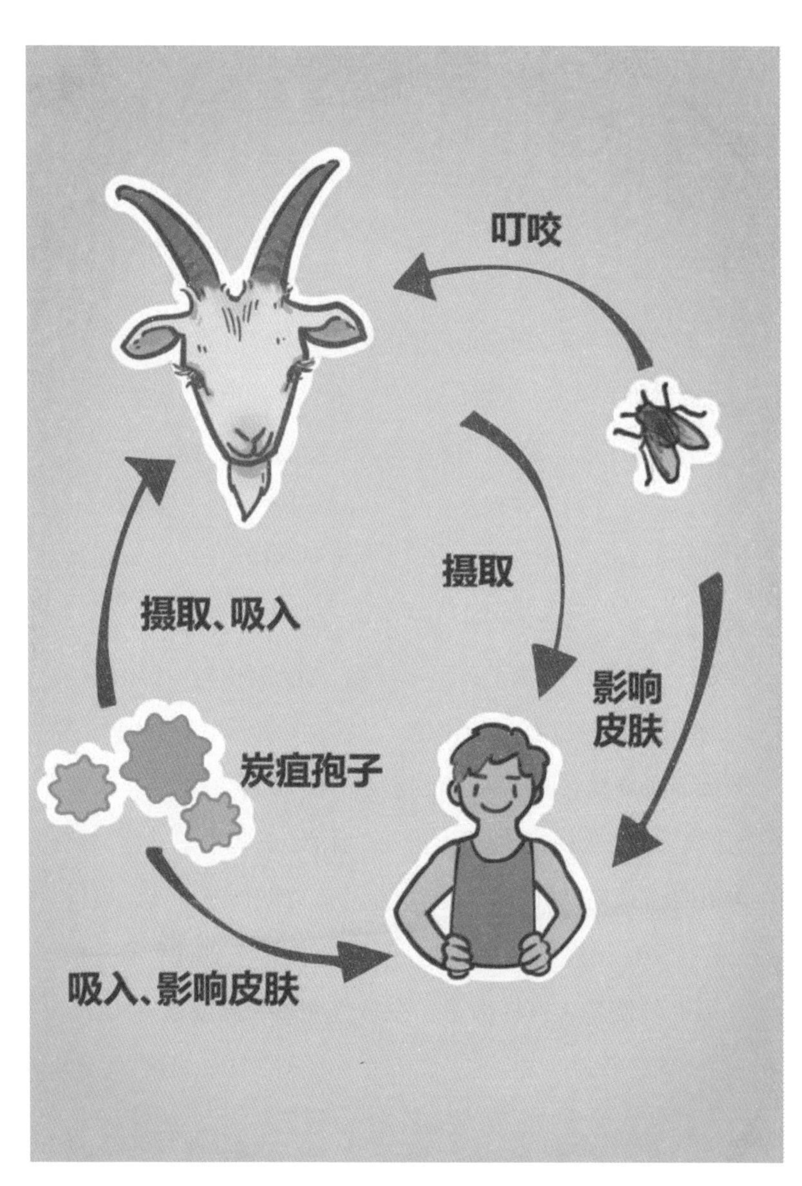

炭疽杆菌的传播循环

染物后才有可能被感染，因而感染者大多是从事养殖和屠宰牛羊等牲畜及加工贩卖相关制品的职业人群。炭疽杆菌感染人类主要通过破损的皮肤侵入人体引发皮肤炭疽，也可引起肺炭疽、胃肠炭疽或脑膜炭疽，均可并发败血症，危及生命。之前曾报道过一位畜牧业工作者，年仅 35 岁就因炭疽杆菌感染而引发败血症和脑膜炭疽，从发病到死亡不过 8 天时间，实在叫人惋惜。”小燕博士听了汪教授的一番介绍，连忙问道：“这么可怕的疾病，那我们该如何预防呢？”汪教授说：“炭疽芽孢能在土壤等环境中存活数十年甚至更久，土壤一旦被污染，极难将其清除。因而，在发生过炭疽的地方，这种疾病还会‘卷土重来’。不过也不要过度紧张，只要我们不接触病死动物，那便能大大减少被感染的风险。另外，炭疽杆菌感染可引起多部位乃至全身损伤，很难救治。因此一旦发现应及时诊治，不得延误。”小燕博士又问：“那如何尽早地将其检测出来呢？”于是汪教授便给小燕博士介绍起了检测的方法。

汪教授说：“炭疽杆菌属于芽孢杆菌属，是一种革兰氏阳性杆菌，为致病菌中最大的细菌。要说让它现出原形，最简单的方式就是给它用染料上色，然后在显微镜下去寻找它的踪迹。根据炭疽不同的疾病类型，采集最有可能含菌量多的标本，如皮肤水疱液或渗出液、血液、鼻咽拭子、痰、粪便等标本，怀疑脑型炭疽时需采集脑脊液。将标本涂片后以碱性亚甲蓝、瑞氏染色或姬姆萨染色法进行染色镜检。那细杆状，两端‘平头’，如同竹节一般排列，没有‘尾巴’鞭毛的便是炭疽杆菌了！在氧气充足，温度适宜（25~30℃）的条件下，还能看到它椭圆形的芽孢，位于整个菌体的中央，比菌体略小。此外，它还可以在其菌体周围形成一层如盔甲般的荚膜，保护其免受或少受多种杀菌、抑菌物质的损伤。所以为了证实荚膜的存在，我们还可以使用专门的染料将其染色在镜下观察。这样，我们便能初步判断存在炭疽杆菌感染了。

“显微镜检查虽然简单直观，但不是每次都那么幸运地可以观察到具有典型形态的炭疽，容易造成误判。另外，如果标本不新鲜，炭疽杆菌在显微镜下便没了踪影。所以我们还需要经过培养和鉴定来加以验证。将患者标本接种到选择性培养基中 37℃温度下培养 18~24 小时后观察菌落形态：乳白色、呈毛玻璃样，在显微镜下稍微放大看，那菌落边缘像是长了‘卷毛’一样，周围也没有溶血环。若把它换到肉汤中培养，它则表现为絮状沉淀生长，不同于芽孢杆菌属里的其他菌种。菌落长出来后，仍要通过鉴定试验来进一步确认它是否为炭疽杆菌。鉴定试验有很多种，如利用只对炭疽杆菌具有裂解作用的噬菌体对其进行特异性的裂解试验，或者用适当浓度的青霉素作用于炭疽杆菌使其肿大成特有的串珠样。要是再多来点青霉素，它便直接被抑制不长了。它的这些‘个性’啊，倒是可以帮助我们很好地将它和其家族的那几个长得像的兄弟们区分开来。当然还有一种简单粗暴的方法，就是将从患者处采集的标本，或者经培养后的培养物与生理盐水配成一定的比例，皮下注射到小白鼠、豚鼠或家兔体内，这些动物便在一定时间之后死于败血症，剖检可见注射部位皮下呈胶样浸润及脾大等病理变化。取血液、脏器涂片镜检，当发现竹节状有荚膜的粗大杆菌时，即可诊断。

“以上所提到的这些微生物学方法是炭疽杆菌鉴定的常规操作。虽说常规，但操作复杂，耗时久。另外，因为涉及培养和处理活的炭疽杆菌，这对操作人员来讲始终具有被感染的风险。通过免疫测定法来检测炭疽杆菌表面独特的抗原物质便是检测炭疽杆菌的另外一种策略，比如，Ascoli 沉淀反应、间接血凝试验（Indirect Hemagglutination Assay，IHA）、协同凝集试验，操作简便、快速。同时，通过 PCR 进行 DNA 扩增也为炭疽杆菌的鉴定提供了新的可能性。我们都知道万物的独特性根本在于基因序列的不同，因此通过炭疽杆菌基因中独特的标志性片段进行 DNA 扩增，便可以快速地帮我们判断标本中炭疽杆菌的有无。这些方法不需要经培养便可快速鉴定炭疽杆菌，比传统微生物学方法更为安全。但是，由于炭疽杆菌芽孢强大的抵抗力，我们提取 DNA 的样本中可能仍然存在活的芽孢，所以这种所谓的安全并不是绝对的。

“说到鉴定，MALDI-TOF MS 可谓是微生物界的新翘楚。该方法目前也被应用于纯培养物及直接从临床和环境样品中鉴定炭疽杆菌，几分钟便可获得鉴定结果。但是由于设备尺寸较大，该方法只能在实验室中使用。

“近年来，人们又开发出了许多新的方法与技术。比如可以检测炭疽杆菌孢子的测流免疫层析法 [1]，与现有方法相比，它在灵敏度、特异性、成本和易操作性方面极具良好的优势；另外还有生物传感器，包括免疫传感器 [2] 和基因传感器 [3]，它们均可以快速鉴定炭疽杆菌，具有很高灵敏度和特异性，是一种非常有前途的技术，未来还可以用作便携式设备。”

最后，汪教授说：“知己知彼，百战不殆。虽说古老的炭疽杆菌像个‘幽灵’一样，时常出来为祸人间，但我们也一直在和它斗智斗勇。相信随着科学的进步，未来还会有更多有效的方法帮助我们对抗炭疽杆菌。”

参考文献

[1] WANG D B，TIAN B，ZHANG Z P，et al. Detection of Bacillus Anthracis Spores by Super-paramagnetic Lateral-Flow Immunoassays Based on “Road Closure” [J]. Biosens Bioelectron，2015，67：608-14.

[2] HAO R，WANG D，ZHANG X，et al. Rapid Detection of Bacillus Anthracis Using Monoclonal Antibody Functionalized QCM Sensor [J]. Biosens Bioelectron，2009，24（5）：1330-5.

[3] ZHANG B，DALLO S，PETERSON R，et al. Detection of Anthrax Lef with DNA-Based Photonic Crystal Sensors [J]. J Biomed Opt，2011，16（12）：127006.

汪教授有话说

炭疽芽孢杆菌隶属于厚壁菌门、芽孢杆菌纲、芽孢杆菌目、芽孢杆菌属。炭疽芽孢杆菌最早于 1876 年被发现，为革兰氏阳性杆菌，在有氧条件下易产生芽孢，其耐受恶劣环境能力极强，于干燥环境或动物皮毛中长期存活。牧场一旦被污染，传染性能持续数十年之久。炭疽芽孢杆菌是人和动物炭疽病的罪魁祸首，人可因皮肤破损部位接触到炭疽杆菌、吸入含炭疽杆菌的粉尘或进食未熟透病畜肉而感染。不同传播途径可导致不同类型的炭疽，如皮肤炭疽、肺炭疽、肠炭疽。炭疽芽孢杆菌的检测依赖于病原学检查，取不同部位标本直接涂片染色镜检，发现粗大呈竹节样排列的革兰氏阳性者为高度怀疑。炭疽芽孢杆菌的分离培养是金标准方法。革兰氏染色、噬菌体裂解试验、青霉素敏感试验均有助于菌株的鉴定。MALDI-TOF MS 仪对于炭疽芽孢杆菌的鉴定有高准确性。此外，免疫学方法检测抗原、PCR 方法检测核酸、免疫传感器等新技术新方法在炭疽芽孢杆菌上的检测有一定的探索和应用。

13. 分枝杆菌——致病的“珊瑚”

周末的下午，小燕博士去植物园游玩。虽然已是冬季，许多花草都已经凋谢，但植物园依然别有一番风味。植物园的一角，一些如珊瑚般鲜艳的枝条，在一众或枯黄或翠绿的树木中脱颖而出，吸引了小燕博士的注意。小燕博士看了看介绍牌，发现这就是被誉为“陆上珊瑚”的红瑞木。小燕博士拍下照片，分享给了汪教授。汪教授看到后便很感兴趣：“没想到冬天还有这么鲜艳的植物，这样鲜艳的枝条倒让我想到了一种细菌——分枝杆菌。”小燕博士很好奇汪教授为什么会联想到分枝杆菌，便忙请汪教授介绍。汪教授说：“分枝杆菌属于放线菌种，种类较多，可以分为结核分枝杆菌复合群、非结核分枝杆菌和麻风分枝杆菌三类。其中结核分枝杆菌复合群主要包括结核分枝杆菌、牛分枝杆菌、鼠分枝杆菌和非洲分枝杆菌。抗酸染色后呈红色。从它的名字中我们就可以看出，它有分枝，看起来应该很像这个红瑞木的树枝。但是我们可别被它美丽的外表给骗了，它有很强的致病性，可能导致肺部感染、淋巴结炎和播散性感染。结核分枝杆菌的主要传播途径是飞沫传播，非结核分枝杆菌广泛存在于环境中，主要传播途径是环境感染。我曾经看到过报道，有人纹身后感染了龟分枝杆菌呢！”

小燕博士问：“那么，我们如何检测分枝杆菌呢？”汪教授说：“我们要

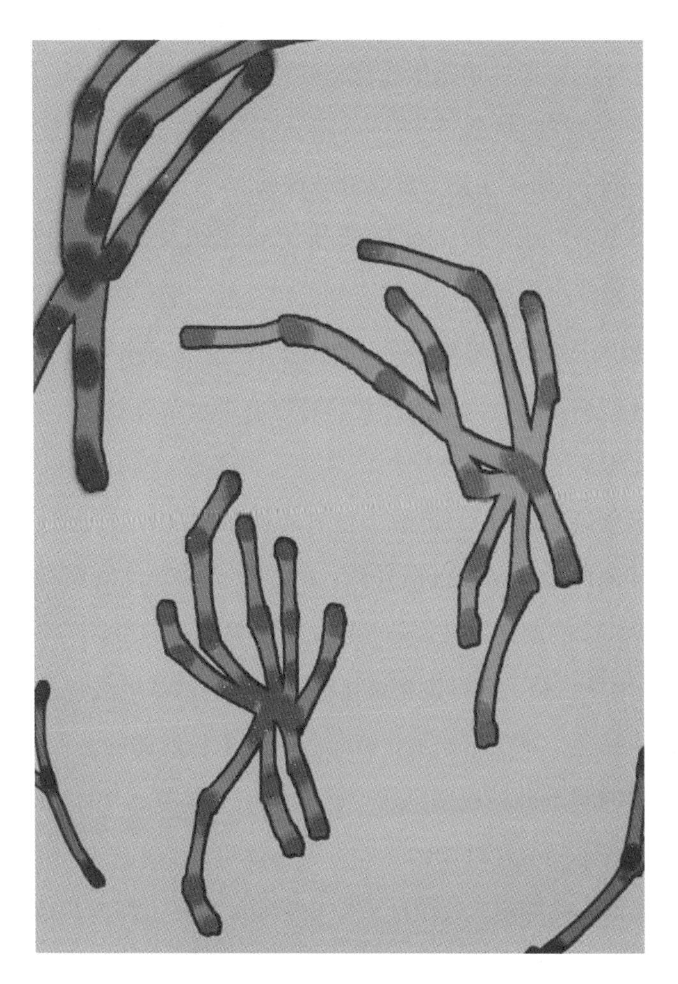

分枝杆菌在显微镜下的形态

检测一种细菌，当然要先观察它的形态结构。一般来说，我们通过染色使细菌的结构变得清晰以便于观察。细菌的染色方法主要是革兰氏染色，然而分枝杆菌比较特殊。它的细胞壁肽聚糖外还包裹了大量脂质，主要是分枝菌酸，而分枝菌酸这样的非极性物质不易与结晶紫这样的极性染料结合，所以革兰氏染色无法使分枝杆菌着色。”

小燕博士问：“如何在镜下观察分枝杆菌呢？”汪教授说：“为了解决这个难题，研究人员发明了我们刚才提到的抗酸染色。分枝菌酸在加热的条件下可以与石炭酸复红形成牢固的复合物，用盐酸乙醇处理也不易脱色，当再加亚甲蓝复染后，其他细菌及背景中的物质呈蓝色，而分枝杆菌仍然为红色，显微镜下可看到细长略微弯曲的杆状，有时有分枝或丝状体，这样我们就可以把分枝杆菌和其他细菌区分开来了。”

汪教授接着说：“然而，抗酸染色只能初步鉴定分枝杆菌，并不能确定是结核分枝杆菌还是非结核分枝杆菌，所以在抗酸染色发现有分枝杆菌后，我们还要进行后续的鉴定。常规的鉴定试验是对硝基苯甲酸 / 噻吩 -2- 羧酸肼（PNB/TCH）生长试验，即分别将菌接种到含对硝基苯甲酸和含噻吩 -2- 羧酸肼的罗氏培养基上，罗氏培养基含有分枝杆菌生长所需的各种营养物质，通过观察两种培养基上分枝杆菌是否生长，利用对硝基苯甲酸和含噻吩 -2- 羧酸肼两种药物对不同分枝杆菌的不同毒性，就可以鉴别结核分枝杆菌、非结核分枝杆菌和牛分枝杆菌。若两种培养基上均能生长，即为非结核分枝杆菌；若在对硝基苯甲酸的培养基上不生长，含噻吩 -2- 羧酸肼的培养基上生长，则为结核分枝杆菌；若两种平板上均不生长，则为牛分枝杆菌。常规方法鉴别分枝杆菌的特异性强，可以有效地鉴别结核分枝杆菌和非结核分枝杆菌，因此是结核病原学诊断的金标准，但检测所需的时间较长。

“除了常规方法，目前临床上还有多重 PCR 和 MALDI-TOF MS 等快速鉴别结核分枝杆菌和非结核分枝杆菌的方法。免疫层析法主要是通过制备 MPB64 单克隆抗体，并用胶体金标记，若标本中含有结核分枝杆菌则存在 MPB64 抗原，与 MPB64 单克隆抗体特异性结合后，在检测线上被捕获就可以看到一条条带，若质控线和检测线上均有条带，即为阳性，表示是结核分枝杆菌。用免疫层析法来鉴定结核分枝杆菌和非结核分枝杆菌，特异性强、灵敏度高，而且操作简单，不需要特殊仪器设备。

“近年来，PCR 技术在分枝杆菌的快速鉴定的应用在国内外均有大量报道。应用最广泛的是扩增 IS6110 插入序列。但是有一些结核分枝杆菌缺乏 IS6110 插入序列，容易导致假阴性的结果。因此，有研究人员提出用多重 PCR 的方法，同时扩增多个基因片段，可以有效地鉴别分枝杆菌，减少假阴性。多重 PCR 鉴定分枝杆菌特异性强、灵敏度高，但是操作较复杂，且价格相对昂贵。

“MALDI-TOF MS 是近年来在细菌鉴定中得到广泛使用的一种方法。MALDI-TOF MS 的原理是先使细菌中的分子电离，再检测不同质荷比的离子，生成蛋白质组指纹图谱。不同的细菌会有不同的图谱，我们只要把已知的细菌的图谱建成一个图谱库，将未知的细菌的图谱与图谱库进行比对，就可以达到鉴定细菌的目的。MALDI-TOF MS 的优点是结果与传统方法有一致性，但检测时间更短，操作简便，价格低廉。

“除以上常见方法外，还有一些可以有效鉴定分枝杆菌的方法被报道，包括单细胞拉曼技术、基因芯片技术、LAMP 等。”

汪教授有话说

结核分枝杆菌属于放线菌纲、棒状菌目、分枝杆菌科、分枝杆菌属，包括人结核分枝杆菌、牛结核分枝杆菌、非洲结核分枝杆菌和田鼠结核分枝杆菌，其中人结核分枝杆菌主要对人致病，是人类结核病的病原体。结核分枝杆菌是强抗盐酸乙醇杆菌，对于酸碱和干燥均有强抵抗力，具有传染性，主要通过吸入而引起感染，可侵犯全身各器官，以肺部感染为主，易形成慢性炎症、干酪样坏死和空洞形成等特点。结核分枝杆菌的常规实验室检测方法包括抗酸染色、结核菌培养，但抗酸染色阳性率不高，需多次送检以提高阳性率，且无法区分结核分枝杆菌和非结核分枝杆菌；由于结核菌生长缓慢，传统的培养方法耗时较长且敏感性不高，但基于培养方法的药敏试验对于结核的用药有重要指导意义；分子生物学方法如 PCR 具有快速灵敏的优点，基于巢式 PCR 原理的 Xpert MTB/RIF 安全快速简便，在检测结核分枝杆菌的同时可以报告利福平耐药基因，成为 WHO 推荐的方法；此外，免疫学方法如 T-SPOT 试验可用于结核的辅助诊断。

参考文献

[1] 马冠英，张志刚 . 分枝杆菌检测鉴定方法研究进展 [J]. 承德医学院学报，2022，39（2）：151-155.

[2] 戴仲秋，唐思诗，范玉洁，等 . 基质辅助激光解吸电离飞行时间质谱在分枝杆菌鉴定中的应用 [J]. 华西医学，2019，34（8）：844-849.

[3] 李国利，赵铭，张灵霞，等 . 免疫层析法检测 MPT64 蛋白在结核与非结核分枝杆菌鉴定中的临床应用价值 [J]. 中国医药导报，2012，9（31）：152-153.

[4] 孟祥红，匡铁吉，董梅 . 应用多重 PCR 方法快速鉴定结核分枝杆菌与非结核分枝杆菌 [J]. 解放军医学杂志，2007（11）：1177-1178，1183.

[5] 阮真 . 基于单细胞拉曼技术的非结核分枝杆菌鉴定和快速鉴别方法的建立与应用 [D]. 重庆：重庆医科大学，2021.

[6] 孙毅，胡耀仁，孙春丽，等 . 基因芯片技术检测分枝杆菌的临床应用研究 [J]. 现代实用医学，2021，33（5）：581-583.

[7] 贾枫，叫海蓉，曾云龙，等 . 环介导等温扩增技术（LAMP）在肺结核诊断中的应用研究 [J]. 实验与检验医学，2021，39（5）：1041-1043.

14. 拒绝美丽青春痘——痤疮丙酸杆菌

小燕博士最近很苦恼，做实验熬夜太多，脸上突然长了好多“青春痘”。眼看着一颗颗又红又肿的痘痘逐渐长大，一摸起来就痛，戴上口罩摩擦起来就更痛了。小燕博士满脸愁容。

汪教授发现了小燕博士的情绪，关心地询问：“最近怎么总是闷闷不乐呀？”“别提了汪教授”，小燕博士指了指自己的脸，叹了口气说：“您看我脸上的痘痘，简直是‘一片狼藉’呀，可愁死我了！我从来都没长过这么多痘痘。”“哈哈哈，原来是青春期的烦恼呀！我年轻的时候也曾有过你的烦恼。青春痘在年轻人中很普遍的，不要因为几颗青春痘影响你的心情呀。”“汪教授，您不知道，我最近总是想挤它，可是越挤越疼，甚至会肿得更大。”小燕博士沮丧地说。“小燕，青春痘可千万不能随便挤呀，特别是不要用未洗净的手挤，既不卫生而且容易留下疤痕。我来给你讲讲这个青春痘的来历吧，说不定你听完就知道怎么正确地处理它啦。”汪教授说。

“青春痘又名痤疮，是非常常见的毛囊皮脂腺疾病。流行病学研究显示，有80%~90% 的青少年不同程度患过痤疮[1]。痤疮丙酸杆菌（*Propionibacterium acnes*），也称痤疮杆菌、疮疱丙酸杆菌，是造成痤疮的主要细菌。痤疮丙酸杆菌生活在我们毛孔里的脂肪酸上，当毛孔被堵塞时，它们就会疯狂生长，

痤疮丙酸杆菌的危害

分解饱和脂肪酸，产生大量的游离脂肪酸。这些脂肪酸通过毛孔渗入皮肤，引起皮肤应激反应，产生粉刺、红肿等，细菌通过流出的脓液粘在皮肤上，导致皮肤组织受损。痤疮丙酸杆菌为革兰氏阳性杆菌，形状微弯，一端钝圆，另一端尖细呈棒状，无鞭毛，无荚膜，单个或成双排列，或排列成“V”“Y”形的短链状。痤疮丙酸杆菌是皮肤上的优势菌群，栖居于毛囊、皮脂腺内，可从人的鼻咽、口腔、肠道和泌尿道中分离[1]。

“痤疮丙酸杆菌为专性厌氧菌或微需氧菌，尤其是次代培养在微需氧环境中生长良好，但在厌氧环境中生长更快。它的最适生长温度为30~37℃，有些菌株在25℃和45℃时也能生长；培养基的最适pH为7.0，吐温80，是一种物质，能刺激生长；厌氧培养48小时在厌氧血琼脂平板上，形成较小（直径0.5~1.5毫米）的圆形、白或灰白色、半透明或不透明、光滑不溶血的菌落。痤疮丙酸杆菌经过数次转种后，可变为兼性厌氧菌[2]。

“常用的实验室检测方法是培养法和生化法。培养取材主要是从痤疮皮损处获得，75%的乙醇消毒皮肤后，用无菌针挑出痤疮内容物，然后用接种环挑取中间部位接种到硫乙醇酸盐培养基（THIO）、厌养培养基（GAM）上即可。根据痤疮丙酸杆菌的菌落形态为灰白色或淡红褐色、针尖大小、凸起、光滑、圆形，以及革兰氏染色呈弱阳性，可初步判断培养的厌氧菌为痤疮丙酸杆菌。细菌培养试验证实，痤疮患者皮损处的痤疮丙酸杆菌明显多于正常人，而且治疗痤疮的抗生素可以有效地抑制或杀灭痤疮菌落。再由痤疮丙酸杆菌能发酵葡萄糖产生丙酸；不发酵乳糖、蔗糖、麦芽糖和鼠李糖，不水解七叶苷，液化明胶，大部分菌株触酶试验阳性等生化特性，即可进一步确认痤疮丙酸杆菌。除了平板培养法之外，气袋法、厌氧罐培养法、厌氧箱培养法等也是常用的培养方法。

“另一种检测方式是PCR方法。首先提取纯化样品中的DNA，作为模板

DNA。将 PCR Master Mix、痤疮丙酸杆菌 PCR 引物混合液和样品 DNA 模板按比例配制成 PCR 反应体系，经 PCR 仪循环变性、退火、延伸三个步骤，得到一定拷贝数的样本 DNA。然后就可以进行凝胶电泳检测 PCR 产物。电泳结果中 PCR 产物阳性对照必须有预期条带出现，阴性对照必须无任何扩增，否则实验无效。样品 DNA 若出现预期条带则为阳性，对没有扩增产物的样品，可以稀释 10 倍后重复 PCR 扩增以排除 PCR 抑制剂的感染。

“此外，研究者已在痤疮患者血清中检测出抗痤疮丙酸杆菌抗体。还有一些研究学者用蛋白质印迹法测序分析痤疮患者血清后，发现一些痤疮丙酸杆菌抗原成分[4]。Western blot 是分子生物学、生物化学和免疫遗传学中常用的一种实验方法，其基本原理是通过特异性抗体对凝胶电泳处理过的细胞或生物组织样品进行着色，通过分析着色的位置和着色深度获得特定蛋白质在所分析的细胞或组织中表达情况的信息。具体操作为：经过 PAGE（聚丙烯酰胺凝胶电泳）分离的蛋白质样品（如抗原），转移到固相载体（如硝酸纤维素薄膜）上，固相载体以非共价键形式吸附蛋白质，且能保持电泳分离的多肽类型及其生物学活性不变。以固相载体上的蛋白质或多肽作为抗原，与对应的抗体起免疫反应，再与酶或同位素标记的第二抗体起反应，经过底物显色或放射自显影以检测电泳分离的蛋白质成分[3]。

“随着科技的发展，基因检测技术也越来越成熟了，有时也会对患者体内的痤疮丙酸杆菌进行基因鉴定。但由于操作复杂、价格昂贵等原因，这项技术开展得并不多。”

最后，汪教授说：“怎么样，小燕？听完我说的这些，是不是对青春痘有了更多的了解？有了青春痘也不要焦虑，保持良好的生活习惯和美好的心情，也是有助于皮肤保护的！”

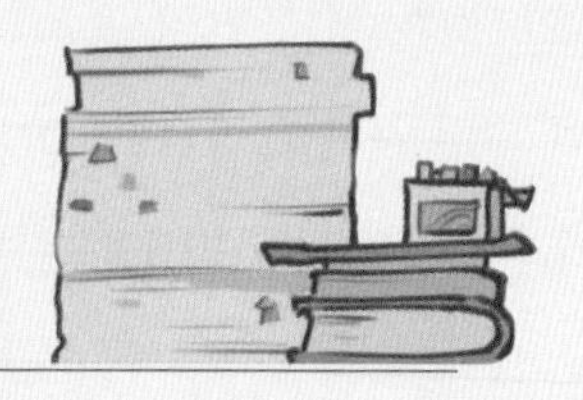

汪教授有话说

痤疮丙酸杆菌现称痤疮皮肤杆菌，隶属于放线菌门、放线菌纲、放线菌目、短棒菌苗科，因发酵葡萄糖产生丙酸而命名，2016 年之后因和人类疾病息息相关划分到皮肤杆菌属。痤疮丙酸杆菌为厌氧或兼性厌氧革兰氏阳性杆菌，是皮肤上的优势菌群，主要集聚于人和动物的皮肤、皮脂腺、鼻咽、口腔、肠道、泌尿道中，因为该菌是人体皮肤正常的菌群而常常被忽视。痤疮丙酸杆菌是诱导皮肤痤疮的主要原因，但也可通过皮肤切口进入机体引起心内膜炎、关节炎、菌血症等。皮肤痤疮杆菌的实验室检测方法主要基于传统的培养方法，厌氧培养获得可疑菌落后根据生化特性进行菌种鉴定，或者采用 MALDI-TOF MS 鉴定菌种，明确诊断。宏基因组测序技术在痤疮丙酸杆菌所致的罕见感染病例的诊断中发挥了巨大作用。

参考文献

[1] ZOUBOULIS C C. Ache : Current Aspects on Pathology and Treatment [J]. Dermatol Exp, 1999, 4（1）: 6-37.

[2] 赵虎 . 厌氧菌和微需氧菌感染与实验诊断 [M]. 上海 : 上海科学技术出版社，2005 : 112-114.

[3] BASALE, JAIN A, KAUSHAL G P, et al. Antibody Respones to Crudecell Lysate of Propionibacterium Acnes and Induection of Proinflammatory Cytoki nes Inpatient with Acne and Nomal Healthy Subjects [J]. J Microbiol, 2004, 42（2）: 117-125.

15. 小感冒，真要命

转眼间又到了换季的时候。前两天明明还穿着短袖，今天就有不少人都穿上了薄薄的羽绒服。小燕博士一边搓着手一边缩着脖子走进了实验室，“好冷啊，这个大降温来得也太猝不及防了！我都快冻死了！”汪教授被这动静吸引了注意，回头一看，“小燕啊，你怎么只穿这么点，感冒了可有你好受的！”真不知是被汪教授说中了还是凑巧，小燕博士又是打喷嚏又是咳嗽，看上去可怜得很。“走吧走吧，我办公室里还有些感冒冲剂，你先拿去喝点预防一下。”小燕博士点了点头可怜巴巴地跟在汪教授后面，一出门被冷风一吹小燕博士又开始咳嗽了，路上碰见了一个推着婴儿车的年轻妈妈，一听到咳嗽声就躲得老远，像躲“瘟神”一样躲着小燕博士。“汪教授，我不就是咳嗽了几声吗，这个妈妈至于躲这么远吗？”“这还真至于。谁知道你的咳嗽病因是什么，万一是感染了肺炎链球菌（*Streptococcus pneumoniae*）呢？小朋友是最容易感染这种细菌的！特别是小于五岁的小朋友，一感染就容易发展成肺炎，还有可能导致他们死亡！”“原来是这样，那我还是乖乖戴好口罩，省得传染给小朋友们了。”小燕博士说完就赶紧戴上了口罩，把自己的口鼻包裹得严严实实。

“其实也不仅是小孩子容易感染肺炎链球菌，有些成年人感染之后也会导致非常严重的后果。比如之前有一个48岁的男性患者，因为干咳、胸痛和轻度的呼吸困难到急诊科就诊。在他生命的最后48小时中，他的病情恶化得非常严重，他的心率达到了每分钟140次，这已经属于是心动过速的范畴了，并且他呼吸困难的症状也同步地加重了。体格检查显示他的血压非常低，只有90/60mmHg，同时呼吸频率也只有每分钟26次，胸部听诊提示他的胸腔右侧有积液。实验室检查结果表明，他的炎症和感染的指标有明显升高。在入院第三天后，患者就病逝了。尸检的结果表明患者是由于感染了血清型为I型的肺炎链球菌引起的复杂的脓毒血症而导致的死亡。”汪教授说道。“这个肺炎链球菌有这么吓人吗？我一直以为最多就是个普通肺炎，没想到还能要了一个健康成年人的命啊！”听完这个病例，小燕博士更是吓得发冷。

汪教授继续说：“不过你倒是不用过度担心。对于平常身体健康的成年人来说，这个病菌一般不会引起多么严重的后果。但是对于5岁以下的小朋友来说，这种病原体才是真正的来者不善。一般我们将小儿肺炎链球菌肺炎分为原发性和继发性两类。3岁以上的小朋友由于他们的机体免疫力逐渐发育完全，所以他们感染后多为原发性肺炎链球菌肺炎；而3岁以下的婴幼儿则多见继发性肺炎链球菌肺炎，因为他们的免疫功能尚不完善，细菌进入气道后会沿着支气管播散，形成以小气道周围实变为特征的病变，此即为支气管肺炎，这是儿童感染肺炎链球菌后最常见的病理类型[1]。”

“汪教授，我知道小朋友感染之后家长们肯定都特别的焦急，那么我们用什么技术可以更快速地检测出是哪种病原体感染呢？”小燕博士问。汪教授推开了办公室的门，继续说道：“目前我们最常用的还是分子生物学中的聚合酶链式反应来进行病原体的检测，也就是我们常说的PCR。它的优势还是非常明显的，它检测的速度非常快，同时特异性和灵敏度也是相对比较高的，而且就算患者使用了抗菌药物，它受到的影响也非常小，可以用于肺炎链球菌感染的早期诊断，帮助医师进行早期的临床用药。PCR 之所以拥有如此的优势，是因为实时荧光定量 PCR 可以检测肺炎链球菌的表面抗原 A，这是肺炎链球菌最佳的识别指标，只需要检测 LytA、psaA、ply 基因特定序列区就可以再提高一些检测灵敏度 [1]。这都是近几年分子生物学快速发展得到的新方法，并不能非常普及。对于微生物而言，最常用的莫过于涂片镜检和培养法了。肺炎链球菌在镜下最典型的特征就是革兰氏阳性、有荚膜的双球菌，但是它最典型的特征还是接种在血琼脂平板上之后周围出现的 α 草绿色溶血环。在鉴别方面，肺炎链球菌最主要的鉴别对象是甲型溶血性链球菌，比较常用的方法有四种：第一种是胆汁溶菌试验，利用的是胆汁可以激活肺炎链球菌的自溶酶，进而促进菌体自溶的原理，方法是在菌液内加入胆汁或者 100 g/L 的去氧胆酸钠，在 37℃的环境下 10 分钟细菌溶解，溶液变清即为试验结果阳性；第二种方法则是 Optochin 敏感试验，我们把待测的细菌涂布于血琼脂平板的表面上，再用直径 6 毫米的无菌滤纸圆片在 1∶2000 的 Optochin 溶液中浸润后，放置于平板的涂菌处，在 37℃环境下培养 48 小时后，可以通过观察抑菌圈来分辨两种细菌，肺炎链球菌的抑菌圈直径往往在 20 毫米以上，而甲型溶血性链球菌约有 98% 的概率小于 12 毫米；第三种方法是荚膜肿胀试验，肺炎链球菌和抗荚膜抗体反应之后，显微镜下可以见到荚膜有明显的肿胀，这一方法适用于快速诊断；第四种方法是动物毒力试验，由于小鼠对肺炎链球菌具有高度易感的特性，将少量具有毒力的肺炎链球菌注射入小鼠腹腔内，小鼠一般在 24 小时之内就会死亡，此时取小鼠心血或腹腔液进行培养，可得肺炎链球菌纯培养，而甲型溶血性链球菌感染的小鼠一般不死亡 [2]。”

“原来是这样，看来肺炎链球菌在我们检验科还是比较好抓住的凶手啊。不过在换季的时候，特别是冬天春天的时候，我们一定要保护好自己啊。如果被感染谁知道后果会是怎么样呢？”小燕博士恍然大悟地感慨道。汪教授不留情面地打断了小燕的感慨，“你还是赶紧把感冒冲剂喝了吧，不然严重了就又得上医院了！”

参考文献

[1] 贾晓芸，陈宏君，吴林媛 . 呼吸道病原核酸检测法在小儿肺炎链球菌感染中的临床应用 [J]. 岭南急诊医学杂志，2021，26（4）：412-414.

[2] 李凡，徐志凯 . 医学微生物学 [M]. 北京：人民卫生出版社，2015.

汪教授有话说

肺炎链球菌隶属于厚壁菌门、乳酸杆菌目、链球菌科、链球菌属，1881 年首次由 Louis Pasteur 和 G. M. Sternberg 两位科学家分别在法国及美国从患者的痰液中分离出。肺炎链球菌为革兰氏阳性球菌，典型菌体呈矛头状、成对排列。菌落有自溶现象，呈脐窝状，具有宽大的草绿色溶血环。肺炎链球菌的主要致病物质是溶血素及荚膜，可引起大叶性肺炎、脑膜炎、支气管炎等疾病，是社区获得性肺炎最常见的呼吸道病原菌。常规的肺炎链球菌的检测主要依赖于分离培养，根据典型的菌落形态、胆汁溶菌试验、Optochin 敏感试验和荚膜肿胀试验即可判定菌株，MALDI-TOF MS 菌种鉴定更为方便快捷。分子生物学法如 PCR 法通过检测肺炎链球菌表面抗原实现对菌株的检测具有快速简便的优点，在一些实验室内也有一定的应用。

16. 引起尿路感染的大肠埃希菌

邻居家刚出生没几个月的小宝宝最近发热，并且哭闹不止，便被送往医院。经过微生物学检查发现小宝宝尿液中含有大肠杆菌。随后结合其多项异常炎症指标及临床表现，医生诊断为尿路感染。小燕博士听说后很是纳闷：大肠杆菌不是应该待在肠道里吗？怎么跑去感染尿路了呢？随后，小燕博士向汪教授请教这些疑问。

汪教授听后对小燕博士解释道："我们都知道，大肠杆菌是人类和动物肠道中的正常寄居群，也是构成肠道正常菌群的主要部分。其实，正常菌群与宿主之间、各种正常菌群之间，通过营养竞争、代谢产物的相互制约，维持着良好的生存平衡。但是在一定条件下这种平衡关系被打破，原来不致病的正常菌群中的细菌可成为致病菌。比如说，当细菌离开原本正常寄居部位而进入其他部位后，因没有了原来的制约因素，便开始大肆在新的环境下生长繁殖，进而感染致病。这种细菌被人们称为'机会致病菌'，大肠杆菌（*Escherichia coli*）就是其中的一种。当它随着粪便排出时，便有了传播到尿道口的机会，如若它趁机侵犯到我们尿道内部，并且在其中生长繁殖，便会造成严重的尿路感染。更关键的是，绝大多数的尿路感染都是这个大肠杆菌惹的祸。"

小燕博士随即又问：“那机会致病菌有那么多种，为什么偏偏是大肠杆菌呢？”

汪教授说：“大肠杆菌能否使机体致病，与它菌体表面的菌毛有很大的关系。这个菌毛可与那个俗称‘运动马达’的鞭毛不一样，它长得细短且直硬，遍布菌体，具有很强的黏附能力，能够帮助细菌黏附到宿主细胞表面，在感染过程中起启动作用，因此人们又称之为黏附素。离了它，大肠杆菌会很容易随人体黏膜细胞的纤毛运动、肠蠕动或尿液冲洗而被排出体外，也便没有了致病的能力。这个菌毛分很多类型，其中Ⅰ型菌毛顶端因具有 FimH 蛋白结构，能够结合膀胱上皮细胞表面的甘露糖受体而使大肠杆菌黏附于此，引起炎症反应。正因此，这类大肠杆菌有了一个特殊的名字叫尿道致病性大肠杆菌（UPEC），也是最常见的尿路致病菌。”小燕博士说：“原来如此，怪不得生活在肠道中的大肠杆菌能引起这么严重的尿路感染。那我们如何将其检测出来呢？”

接着，汪教授针对这个问题给小燕博士做了详细的介绍。

“正常情况下，我们的泌尿道内及排出的尿液都是无菌的，所以如果我们在尿液标本中检测出大肠杆菌，那便是能证明存在大肠杆菌尿路感染最直接的证据。采集患者新鲜的尿液标本，并将其制备成涂片进行革兰氏染色，在显微镜下观察是否有短杆状、两端呈钝圆形的革兰氏阴性细菌。但是由于和大肠杆菌形态相似的细菌有很多种，单凭显微镜下观察无法得出较为准确的结果，所以这种方法在临床上对大肠杆菌的鉴定意义并不大。之后，人们考虑将尿液标本中的培养物接种到培养基中，并且在一定的条件下进行分离培养，然后有针对性地对该培养物进行观察和鉴定，这样便能更准确地帮助我们诊断大肠杆菌尿路感染。如果尿液标本中存在大肠杆菌，我们便可以观察到血培养基上那发灰色且表面光滑的圆形菌落。另外，根据使用的培养基不同，大肠杆菌的菌落可以呈现出不同的颜色，比如在伊红亚甲蓝（eosin-methylene blue，EMB）培养基中，其菌落呈深紫色，并有金属光泽；而在麦康凯（MacConkey，MAC）培养基中呈红色。培养出来菌落后，通过涂片染色镜检，可以帮助我们大致判断细菌的类型，但如果想准确了解该可疑菌落是否为大肠杆菌，仍需要我们做进一步的鉴定试验。大肠杆菌的生化代谢非常活跃，它可以发酵葡萄糖产酸、产气，还能发酵多种碳水化合物，也可以利用多种有机酸盐。利用这些特性，进行多种生化反应并根据反应结果对该可疑菌落进行综合性的考量和判断。

“另外，大肠杆菌表面具有特殊抗原成分，根据菌体抗原、鞭毛抗原和表面抗原的不同，可以将大肠杆菌分为多种血清型。而有些特定的血清型对应的大肠杆菌，包括 UPEC，具有很强的致病力，为了避免其对人体造成较大的伤害，需要我们及时将其检测出来。因此，在将大肠杆菌分离纯化之后，我们可以采用玻片凝集的方法检测其表面的特殊抗原来鉴定大肠杆菌的各种血清型，以便提供更准确的信息指导来临床用药。

“大肠杆菌的生化反应多种多样，加上血清型分析，整个流程操作起来十分烦琐。现在人们更倾向于使用 MALDI-TOF MS 对其进行鉴定。质谱仪根据大肠杆菌的蛋白质图谱可以对大肠杆菌进行特定的识别，短短几分钟便确定菌种类型，准确性非常高，而且操作步骤简单快速，大大缩短了鉴定所需要的时间，在临床微生物检验中的应用非常广泛。

“不过无论是生化鉴定还是质谱鉴定都是建立在前期分离培养的基础上，要想得到准确结果至少需要两天时间，无法进行早期诊断。所以人们又开发了一些新的方法，以便我们对大肠杆菌所致的尿路感染进行快速筛查与诊断，比如基于大肠杆菌抗原的免疫测定法——酶联免疫电扩散测定（ELIEDA）[1]及基于菌体抗原特异性基因的多重 PCR 方法[2]。

“此外，由于抗生素的滥用，大肠杆菌对于日常诊疗中所使用的抗菌性药物具有较高的耐药性，耐药种类也越来越多，且近几年有逐渐上升的态势，因此对大肠杆菌的药敏性分析也显得格外重要。”

参考文献

[1] CAMPANHA M T，HOSHINO-SHIMIZU S，BAQUERIZO MARTINEZ M. Urinary Tract Infection：Detection of Escherichia Coli Antigens in Human Urine with an ELIEDA Immunoenzymatic Assay [J]. Rev Panam Salud Publica，1999，6（2）：89-94.

[2] LI D，LIU B，CHEN M，et al. A Multiplex PCR Method to Detect 14 Escherichia Coli Serogroups Associated with Urinary Tract Infections [J]. J Microbiol Methods，2010，82（1）：71-77.

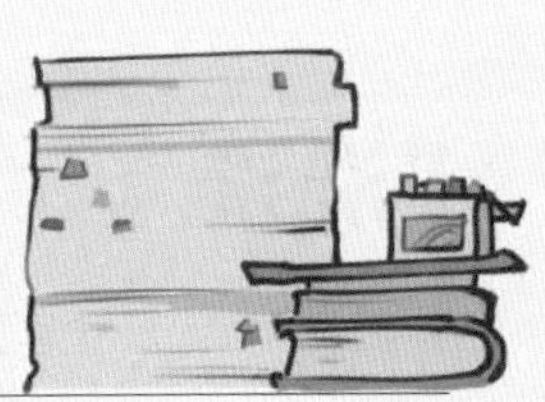

汪教授有话说

大肠埃希菌，俗称大肠杆菌，是革兰氏阴性杆菌，周身鞭毛，能运动，无芽孢，是人和动物肠道中的正常菌群。当机体免疫力低下或者大肠埃希菌入侵肠道外的组织器官时，大肠杆菌即可成为机会致病菌，引起尿路感染、血流感染、阑尾炎、腹膜炎等肠外疾病。大肠杆菌某些血清型还可引发胃肠炎，出现腹泻、恶心、呕吐、发热等症状，大多与饮用或食用污染的食物和水有关，这类大肠杆菌统称为致泻性大肠杆菌。目前实验室对大肠杆菌的鉴定方法大多是基于培养方法，对培养出来的可疑菌落根据生化特性加做生化试验，或加做血清凝集试验进行菌种鉴定，如要更为快速准确，可用 MALDI-TOF MS 进行蛋白质指纹图谱识别以鉴定菌种。此外，一些新的检测方法如免疫学方法检测大肠杆菌菌体抗原、多重 PCR 检测致泻性大肠杆菌，在大肠杆菌的快速检测中也有所应用。

17.“洗洗”一定更健康吗？

周末小燕博士和好朋友一起去逛街，商场里的商品琳琅满目。两个女孩子一人一杯奶茶说说笑笑、边走边逛。路过一家洗护用品店，看到售货员正拿着两瓶洗液在兜售："快来看一看，女性生殖道细菌庞杂，千万不要掉以轻心，这瓶洗液可以洗去多种细菌，维护女性健康，洗洗更干净。"售货员看到小燕博士她们走过来，就走到她们身边，极力地推销她手里的洗液。小燕博士连忙摆摆手，拉着好姐妹就离开，并说道："女孩子生殖道本来就是有正常菌群存在，只要正常用清水清洗、及时更换内裤、保持干燥就很好啦。并且正常菌群的存在还可以消灭一些会致病的细菌，所以如果用洗液清洗，会让正常菌群死掉，导致阴道内菌群失衡，致病菌更容易入侵导致感染。"

周一上班后，小燕博士把这件事讲给汪教授听。汪教授听完很开心，说："小燕你说得很对，女性阴道内的正常菌群其实是一种保护，不能轻易用洗液自行清洗，如果有不适还是要及时就医。你能用你的知识帮助身边的人，我真替你开心。"小燕博士听到表扬也非常开心："我也觉得很开心。不过汪教授，既然这个洗液能一直被生产售卖，说明还是有很多女性并不知道这些知识，觉得阴道菌群是不好的，要洗掉，说明我们还需要加大力度科普，帮助

女性阴道的阴道加德纳菌

更多的人。”汪教授说：“是的，我们不仅要做专业的科研，也要同时进行公众科普，才能让科学知识普及到大众生活中，让非专业的人们都知道这些与自己切身相关的知识。”

说到阴道菌群，汪教授又想起一个病例，便和小燕博士说道：“你说这个‘洗洗’更健康，我突然想起一个病例，是一个新生儿感染病例。”小燕博士挠了挠头，问汪教授：“新生儿感染和女性阴道菌群有什么关系呢？”汪教授说:“这个新生儿是自然分娩出生的，那么就是从阴道娩出。就像你说的，母亲的阴道内有大量细菌，所以这个孩子在出生时不慎感染了阴道内的阴道加德纳菌（*Gardnerella vaginalis*，Gv），发生了相应的感染症状，如发热等症状。后来通过医生检查，才在孩子的脑脊液中培养出了加德纳菌，确定了感染致病菌。”小燕博士说：“汪教授，这个加德纳菌也是存在女性阴道内的吗？”汪教授回答：“加德纳菌是少量存在于阴道内的机会致病菌，所谓机会致病菌就是指在身体正常时，它的活性会被抑制，并不会感染。然而如果机体免疫力低下、正常菌群遭到破坏，它就会趁机入侵感染。”小燕博士说：“原来是这样。那这个加德纳菌要怎么检测出来呢？”

汪教授说：“阴道加德纳菌作为细菌，首先可以用微生物学方法检测，例如涂片染色法和培养法。加德纳菌在革兰氏染色下呈现粉红色的阴性短杆菌，菌体较小，并不容易分辨。如果用荧光染料去染色，可以让加德纳菌染上颜色，标本内的其他成分不着色，可以作为加德纳菌的鉴定方法之一。然而这种特殊的荧光染料生产较少、价格较贵，并且需要特殊的荧光显微镜，所以并不是常规的鉴定方法。而它的培养也比较难，需要用到专门的培养基，培养条件也较为苛刻，因此不作为常规的检测项目。在培养法基础上能够鉴定细菌的方法，例如生化反应法和质谱仪法都可以进行鉴定，然而因为加德纳菌培养困难，因此用得也较少。不过我们可以利用湿片法，就是将阴道分泌物用生理盐水涂抹均匀，直接镜检，如果能够看到一个上皮细胞有大量的细菌覆盖，那就是加德纳菌感染。这种细胞又称为‘线索细胞’，这是临床上常用的手段[1]。

“不过我们可以利用分子生物学方法。比如PCR技术有高度的灵敏性和特异性，利用扩增细菌的核酸片段并与数据库做比对，就可以鉴定出细菌。这种方法需要的标本量少，十分精准，可以作为临床检测方法之一。

“除此以外，还可以通过化学法。刚才你也说到，阴道内是有正常菌群的，正常菌群主要是乳杆菌，它们的存在让阴道保持在一个酸性的环境下，不适合大多数细菌生长，因此让阴道不轻易被感染。而且加德纳菌大量繁殖有可能会让女性阴道分泌物中的酶类发生改变。化学法就是通过检测阴道分泌物的酸碱度和酶类的变化，来间接判断是否有加德纳菌感染。然而阴道内菌群庞杂，这种方法也只能作为辅助诊断，并不能作为明确是否有加德纳菌感染。”

小燕博士说：“加德纳菌危害女性健康，幸好我们有多种方法让它无处遁形。今天听完您的解说，我觉得我也要多了解一些关于加德纳菌、女性生殖健康的知识，然后再帮助更多的人。”

参考文献

[1] 廖远泉．阴道加德纳菌感染与细菌性阴道病研究进展[J]. 中国病原生物学杂志，2011（7）：539-541.

汪教授有话说

阴道加德纳菌是一种革兰氏阴性小杆菌。1955年，Gardner 及 Dukes 从非特异性阴道炎的阴道分泌物中分离出该菌，将其命名为阴道嗜血杆菌，随着现代的 rRNA 测序及 DNA 比对技术的发展，研究者们将其独立为一个属，特命名为 Gardnerella 菌属，该菌被命名为阴道加德纳菌。该菌是非特异性阴道炎的病原菌，在普通培养基上不生长，营养要求高，培养不易。阴道加德纳菌可能的致病机制是抑制优势的乳酸杆菌生长繁殖，分解氨基酸生成氨和胺，使 pH 增高获得适合的 pH 环境，而胺可以引起阴道上皮脱落，使得阴道分泌物增多呈特殊的鱼腥臭味。对于阴道加德纳菌的实验室检测，培养方法不用做常规检测。生理盐水湿片于阴道分泌物中找到“线索细胞”，对于阴道加德纳菌的感染有辅助诊断作用，分子生物学技术如 PCR 在阴道加德纳菌的检测中也有所应用。此外，近年来发展得如火如荼的 mNGS 在检测阴道微生态明确诊断中大显身手。

18. 揭秘懒汉病——布病

春天来了，天气逐渐回温变暖。一时还没适应这季节转换的小燕博士最近开始容易犯困，总是一副懒洋洋的样子。

汪教授看到小燕博士这般模样便问她："你听说过有个和'懒'有关的病吗？"小燕博士一听，立马精神起来，问汪教授："人懒还跟疾病有关系吗？"汪教授说："是的，在临床上有一种病就叫'懒汉病'，一般患上这种病的人，往往浑身乏力，疲劳不堪，干活没精打采，形似'懒汉'，所以才给它起了这样的名字。"小燕博士问："我还是第一次听说这个病呢，那是因为'懒'才得此病的吗？"

汪教授笑着说："那倒不是，你可能想象不到，这个懒汉病啊，其实是由布鲁氏杆菌（Brucella）感染引起的一种人畜共患的传染病，又称布鲁氏菌病，简称布病。布病波及全球，在人畜间广泛流行，是我们国家规定的乙类传染病。布鲁氏杆菌一般寄生在牛、羊、猪等家畜上，主要通过皮肤黏膜、消化道及呼吸道传染给人，一般不会直接在人与人之间传播。在布鲁氏杆菌属这个大家庭里，羊、牛、猪、犬四种布鲁氏杆菌可以使人致病，其中以羊种布鲁氏杆菌对人体的传播最为凶猛，且致病率和危害性都居于首位。

布鲁氏菌会感染多种动物及人体

“更重要的是，布病可以影响任何年龄的人，包括儿童。曾经就有个 3 岁的小朋友，因持续发热、呕吐、腹痛及腿部瘀青被送往医院，医生经过了解后得知他曾有过食用未经高温消毒的乳制品及与病畜接触的经历。随后经过一系列检查便证实了是布鲁氏杆菌感染。由于布病的发生、发展与转归比较复杂，得了布病的人会具有各种各样的表现，但发热、乏力、多汗、关节疼痛、肝脾肿大等往往较为多见。如果身边有人出现类似‘懒汉’症状就要小心了。这种病若在急性期不能得到及时的诊治，容易转为慢性，引起全身各个系统和器官功能的损害，对健康危害巨大。”

小燕博士问：“那我们如何将其检测出来帮助临床快速诊断呢？”

汪教授接着给小燕博士详细讲述了关于布病的检测与诊断方法。

“布鲁氏杆菌，是一种革兰氏阴性小球杆菌，两端钝圆，没有鞭毛和芽孢。其中羊种布鲁氏菌较小，为 0.3~0.6 微米，近似球状。在进入人体内后，它会被我们的‘健康卫士’吞噬细胞吞噬掉，从此便开始了在细胞内寄生的日子。随着它大量繁殖，‘撑破’了细胞，便又重新回到血液中，并随着血流来到全身各处并不断占领地盘安家落户、代谢繁殖，肝、脾、骨髓及生殖器官等地方均可受其害。虽然机体出动了大量‘健康卫士’，奈何敌众我寡，才使得布鲁氏杆菌在我们体内如此嚣张。”

“如何诊断布病呢？”小燕博士问。

汪教授说：“对于布病的诊断，需要结合患者的流行病学史、临床症状和实验室检查等情况来进行综合判断。在温和条件下，布鲁氏杆菌可在动物皮毛、水中和干燥的土壤中存活数周至数月，而人们则往往通过直接接触感染的动物及其排泄物，或者食用被布鲁氏杆菌污染的食物如乳制品、生肉等而感染布病。所以有如此经历的人较为可能感染布病。

“目前，从患者血液、骨髓、其他体液及排泄物中分离出布鲁氏杆菌是人们普遍认为的诊断布病的‘金标准’。布鲁氏杆菌专性需氧，对营养要求较高。初次分离培养时可挑剔了，不仅需要给它提供 5%~10% 的二氧化碳的培养环境，培养基中还要有硫胺素、烟酸、生物素等物质。尽管如此，它依旧长得很慢，一般需 5~7 天甚至更久，而且致病力越强的生长越慢。由于布鲁氏杆菌在急性期可存在于血液中，在临床上往往取患者适量静脉血，注入血培养瓶内，适当条件下培养 3 天后转种到固体平板继续培养几天，同时进行涂片染色在镜下观察是否有散在的布鲁氏杆菌。待它形成菌落，便可以观察到固体平板上那小小的、边缘整齐的灰白色圆形凸起。取可疑菌落再次于镜下观察菌体形态。

“布鲁氏杆菌属这个大家庭中的多种细菌，在形态上相差不大，但具有不同的生化特性和抗原含量。所以分离培养出布鲁氏杆菌属细菌后，为了进一步确定布鲁氏杆菌的种、型，需要根据硫化氢产生试验、染料抑菌试验和单向特异性血清 A、M、R 抗原凝集试验，以及噬菌体裂解试验等进行菌种和分型鉴定。但是这种方法操作相对比较复杂，需要由经验丰富的技术人员来完成。然而，随着科技的不断进步，各种各样的仪器被应用于微生物的鉴定上，比如全自动微生物鉴定分析仪 VITEK-2-Compact 和 MALDI-TOF 质谱仪，可以帮助我们快速而又准确地完成细菌鉴定与分型，为我们细菌检验水平带来了一个新的飞跃。

“不过刚刚也提到了，布鲁氏杆菌在体外生长非常缓慢，一般需要培养几天甚至数周才能出结果。另外，布鲁氏杆菌对人有极强的致病力，常常容易导致实验室获得性感染，被认为是潜在的生物恐怖病原菌，这对实验室条件和操作人员都提出了很高的要求，所以通过布鲁氏杆菌的分离培养进行鉴定并不利于疾病的快速诊断。现如今，人们发现血清学诊断方法比较经济、操作也相对简单，更适合进行大规模的筛查和诊断，特别是在布病的流行地区。常用的血清学诊断方法有很多种，如用于初筛的虎红平板凝集试验（Rose-Bengal plate Agglutination Test，RBT）、用于确诊的试管凝集试验（Tube Agglutination Test，SAT）、补体结合试验（Complement Fixation Test，CFT）、布病抗人免疫球蛋白试验（Coomb's 试验），还有 ELISA 等。

“血清学是目前诊断布病的主要手段，但在不同情况下仍然也存在操作烦琐、耗时长或者特异性不足的缺点。虽然这些缺点在很大程度上可以通过联合使用多个血清学试验来克服，但人们一直在寻求一种快速、简便、经济且更准确的布鲁氏菌病检测方法。近年来，分子检测技术因其具有速度快、灵敏度高和安全等优点，越来越多地被应用于微生物感染性疾病的诊断。因此，临床上也开始采用 PCR 及 mNGS 的方法来对布鲁氏杆菌进行快速高效检测，极大地弥补了传统检测方法的不足。

“当然，除了分子检测技术外，人们还开发出了一些新型的检测布病的方法。如荧光偏振试验（Fluorescence Polarization Assay，FPA），这种试验基于抗原抗体相互作用可以快速准确地检测布鲁氏杆菌抗体或抗原，助力布病的早期诊断[1]。另外，还有侧向层析试验（Lateral Flow Assay，LFA），可以作为一种检测试纸条实现布病的即时快速诊断，不需要实验室专业设备，操作简单，非常适合在布病流行的农村和郊区的临床环境中使用。”[2]

小燕博士听后不禁感慨：“人生处处是学问呀！”

汪教授有话说

布鲁氏杆菌属隶属于变形菌门、α－变形菌纲、根瘤菌目、布鲁氏菌科。1886 年，苏格兰病理学家和微生物学家 David Bruce 首次从死于马耳他热的士兵脾脏中分离出该细菌。为纪念其所做的贡献，研究者们将这种细菌命名为布鲁氏杆菌。布鲁氏杆菌是兼性孢内寄生革兰氏阴性菌，可感染多种动物和人，导致人畜共患的全身传染病，简称布病，又称地中海弛张热、马耳他热、波浪热等。布鲁氏杆菌有 6 个种 19 个型，其中猪、牛、羊和犬 4 种对人致病。羊布鲁氏杆菌的致病力最强，人通常接触病畜的流产物、分泌物、排泄物、乳、肉、内脏、皮毛以及被污染的水、土壤、食物、空气、尘埃等，经体表皮肤黏膜、消化道、呼吸道感染布鲁氏杆菌。从患者血液、骨髓、其他体液及排泄物中分离出布鲁氏杆菌是诊断布病的金标准。基于生化特性的全自动微生物鉴定仪和基于蛋白质指纹图谱的 MALDI-TOF MS 使得布鲁氏杆菌的检测速度大大提升。血清学检测方法在布鲁氏杆菌的检测过程中发挥巨大作用，虎红平板凝集试验用于初筛，试管凝集试验、补体结合试验、布病抗人免疫球蛋白试验等用作确证试验。此外，PCR 和 mNGS 等分子生物学技术在布病的诊断中崭露头角。

参考文献

[1] DONG S B，XIAO D，LIU J Y，et al. Fluorescence Polarization Assay Improves the Rapid Detection of Human Brucellosis in China [J]. Infect Dis Poverty，2021，10（1）: 46.

[2] SMITS H L，ABDOEL T H，SOLERA J，et al. Immunochromatographic Brucella-specific Immunoglobulin M and G Lateral Flow Assays for Rapid Serodiagnosis of Human Brucellosis [J]. Clin Diagn Lab Immunol，2003，10（6）: 1141-1146.

19. 藏匿在宠物身上的恶魔

小燕博士推开了实验室的门。汪教授看到进来的她满脸倦容，便问道："小燕，昨晚干什么了？怎么看起来一副疲倦的样子。"小燕博士睡眼惺忪地回答道："昨天下班回家，不知道怎么回事，被一只流浪猫缠上了。硬是没甩掉，被它跟到家里了。所以被这只猫折磨了一晚上……"话还未说完，小燕博士又打了个哈欠。汪教授此时语气中略显紧张地问道："那你在接触它之后有做过消毒吗？"小燕博士哈哈一笑："教授啊，你可别当我傻，我还是有点生活常识的。"

汪教授此时松了一口气，"那就好，不然的话面对这种流浪动物，你很容易中招的。"小燕博士略显吃惊地问："教授啊，我知道流浪动物身上确实很不干净，可能携带有各种病菌，所以才习惯性地消毒，不过您说的这个'中招'，是中什么招啊？"

汪教授不紧不慢地介绍道："之前我看过一位20岁的女性患者，她来就诊的时候出现了持续性的意识障碍。通过了解病史，我们发现她和一只宠物猫有过密切接触，并且她的双手上还有一些猫的抓痕。我们给她做了头部核磁共振成像，显示鼻旁腔高信号，胸部的CT显示双侧肺实变。我们就赶紧给她进行了血液和鼻涕的培养，确定了病原体是多杀巴斯德菌（*Pasteurella*）。

之后主治医师为她注射了头孢曲松和哌拉西林，并且她还接受了血液透析治疗和抗凝治疗，不过好在最后患者恢复得还不错[1]。”

小燕博士此时也是不由得吃了一惊，“原来这些小小的流浪动物身上携带着这么可怕的细菌啊！看来昨天算是真正的歪打正着了。”

汪教授继续为小燕博士讲解这种细菌的具体情况，“巴斯德菌属是革兰氏阴性、球杆状的细菌，经常寄生在哺乳动物和鸟类的上呼吸道和肠道黏膜上面。我们人类比较容易感染的菌种是多杀巴氏菌和嗜肺巴斯德杆菌[2]。作为革兰氏阴性球杆菌，它往往呈现出来的是两极浓染，无鞭毛，无芽孢，有荚膜的形态。在培养它的时候需要比较严格的条件，需要培养基中的营养成分丰富才能有比较好的生长情况，而由于起病早期广谱抗生素的使用，会降低培养细菌的阳性率，为诊断增加困难，所以它是一种比较难以培养的细菌[3][4]。人类感染这种病原体的主要途径是被动物咬伤或者接触了动物的鼻腔分泌物，像之前那个病例，就有很明显的呼吸道感染的症状，所以我们可以判断她应该是吸入含该菌的气溶胶进而导致了感染[5]。如果是被动物抓伤或者咬伤后，有可能导致软组织感染，会出现伤口疼痛和早期发热的症状，假如伤口比较深，则有可能引发骨膜炎、骨髓炎，严重的时候可能会导致出血性败血症。而呼吸道感染的临床表现则和其他细菌所引起的呼吸道感染没有明显的差异，比如气管支气管炎、肺炎、肺脓肿和脓胸等症状。”

小燕博士又提出了问题，“我知道实验室要是想检出这种病原体，就要采集患者的体液或者病理产物进行直接涂片染色镜检，并且接种血平板培养，最后再完成生化反应和血清学试验的鉴定。那么汪教授，有没有别的一些更加便捷高效的检测方法呢？”

“那自然是有的。”汪教授继续娓娓道来，“除了你说的这种比较传统的方法之外，有一种二代测序的方法，也就是高通量测序，它的主要原理是在DNA复制过程中通过捕捉新添加的碱基所携带的特殊标记来确定DNA的序列。打个比方，就像你往一堆积木里放了一些会发光的积木，而你面前的积木正在自动地搭建，通过观察发光积木的排列顺序，再通过比对得出这堆积木将要搭建成什么模样，这也就是通过二代测序来检验多杀巴斯德菌的方法[3]。还有一种16S rRNA序列分析的方法，作为有着‘分子化石’之称的16S rRNA在碱基组成、核苷酸序列、高级结构及生物功能上表现出其进化的高度保守性，我们可以通过对细菌基因的恒定区进行引物的设计，再对实验标本进行PCR扩增，最后再与已知细菌的16S rRNA进行比较分析，就可以比较高效地确定细菌的种类，但是比较难以区分巴斯德杆菌属、放线杆菌属和嗜血杆菌属[6]。另一种CODEHOP PCR的方法则是通过将巴斯德杆菌属中的RNA聚合酶β亚基氨基酸作为目的基因进行兼并引物的设计来进行检测，这种方法具有更高的敏感性，能够更快速地获取目标菌的种类。”

小燕博士感叹道：“这个小小的细菌还真是不简单啊，通过附着在经常和人类接触的动物身上来传染给人类，而且还那么难找出来，看来做好动物的防疫工作还是非常有必要的啊。”

汪教授点点头，“随着越来越多的人有养宠物的习惯，多杀巴斯德菌的感染导致人畜共患疾病必然会成为公共卫生问题，所以我们必须要引起重视。在养宠物或者接触动物的时候要注意清洁，同时要避免免疫力低下的人群密切接触宠物，这样才能最大限度地保护我们人类的健康[7]！”

汪教授有话说

巴斯德菌属隶属于变形菌门、γ－变形菌纲、巴斯德菌目、巴斯德菌科，是一种革兰氏阴性菌，呈球、卵圆形或杆状，单个存在，有时成对或成短链状。在吉姆萨和瑞氏染色中常呈双极染色，最适生长温度为37℃。巴斯德菌属共十余种，常寄生于犬、猫、家禽、鸟类等动物的呼吸道和消化道黏膜上，其中引起人类感染的主要包括多杀巴斯德菌、犬巴斯德菌、咬伤巴斯德菌。人主要通过与动物接触感染巴斯德菌，如被动物咬伤或接触动物分泌物传染，造成动物咬伤处伤口迁延不愈。此外，巴斯德菌还可引起肺部感染、脑膜炎、眼部感染、败血症等。实验室对于巴斯德菌感染的检测主要依靠病原学检测，通过对感染的组织或伤口分泌物涂片染色并进行培养，获得可疑菌落，根据生化特性进行菌株鉴定，MALDI－TOF MS相比传统的生化试验在菌种鉴定上优势更为明显，快速准确。此外，mNGS、靶向16S rRNA的PCR技术等分子生物学技术在巴斯德菌的快速检测上也有一定的应用。

参考文献

[1] RYOSUKE K，YOSHINARI H，TAKEUCHI，et al. Pasteurella Aultocidasepticemia Caused by Close Contact with a Domesticcat：Case Report and Literature Review [J]. Jounal of Infection and Chemotherapy，2004，10（4）：250-252.

[2] 邢进，冯育芳，岳秉飞，等 . 巴斯德杆菌属 CODEHOP PCR 检测方法的建立与初步应用 [J]. 中国比较医学杂志，2017，27（1）：85-90.

[3] 刘斌，黄彭，刘双柏，等 . 二代测序协助诊断多杀巴斯德菌脓胸 1 例 [J]. 中南大学学报（医学版），2021，46（8）：920-924.

[4] 高正琴，张强，贺争鸣，等 .16S rRNA 序列分析在多杀巴斯德氏菌鉴定中的应用 [J]. 实验动物科学，2009，26（6）：1-5.

[5] 戈凤远，袁媛 . 二株多杀巴斯德菌的致病性及耐药性分析 [J]. 工企医刊，2011，24（5）:8-9.

[6] CHRISTENSEN H，KUHNERT P，OLSEN JE，et al. Comparative Phylogenies of The Housekeeping Genes atpD, infB and rpoB and the 16S r R NA Gene Within the Pasteurellaceae [J]. Int J Syst Evol Microbiol，2004，54（Pt 5）：1601-1609.

[7] 王会玉，李洪，许振发，等 . 多杀巴斯德菌感染的临床研究 [J]. 中国人兽共患病学报，2021，37（9）：866-870.

20. 小小口腔问题，暴露危险淋病感染

小燕博士看到了新冠感染被降为乙类传染病的新闻。于是她打开了网页，浏览起目前被归为乙类传染病的疾病类型。目光随着一个个字符逐渐下移，她突然顿住，喃喃道：“淋病……”

汪教授正坐在一旁休息，听到便笑着问道：“怎么，你这是又看到什么病例了吗？”小燕博士哈哈大笑说道：“知我者，汪教授也。昨天确实看到了个病例，汪教授得空的话咱们唠唠？”汪教授拖着椅子坐到小燕博士面前，说道：“说来听听。”

小燕博士说道：“这是个外国的病例。有一个男性患者本来是要去看牙的，但是他的牙科医生一看他的口腔状况不太对劲，就让他再去口腔科看看。那儿的医生发现他左边的腭部已经发白，不能进行一般的擦拭了；下唇系带也有所增厚。医生又仔细查看了他的病史，发现十个月之前，患者的左侧耳朵已经出现了听力损失，右侧耳朵的听力也正在逐渐损失。医生取样他的口腔分泌物，送检后发现样本中不仅含有淋病奈瑟菌（*Neisseria gonorrhoeae*），这个患者的梅毒抗原和抗体也都是阳性，汪教授您能帮我分析分析这个病例吗？”

汪教授点点头道：“当然可以。这个淋病呢，有三个传播途径，分别是

性接触传播、间接接触传播、母婴传播。性接触传播是成年人淋病传播的主要途径。间接接触传播是指与淋病患者污染过的被子、马桶等进行接触而被污染，这种途径是需要在我们生活中引起注意的。母婴传播是指如果患有淋病的产妇没有经过治疗，直接通过顺产的方式生了孩子，这种情况下孩子便很有可能也患上淋病。

“说完淋病的传播途径，咱们再来聊聊它的一些临床症状。在没有并发症的淋病当中，淋菌性尿道炎是男性最常见的表现，会有尿痛及尿道出现一些分泌物的症状；而女性感染者一般没有明显的症状。在有并发症的淋病当中，男性患者可以并发附睾炎、精囊炎、前列腺炎及其他尿道症状；女性患者可以并发盆腔炎、肛周炎等症状。除了这些在生殖器官附近的比较常见的症状外，还会有其他部位的淋病。如果新生儿是通过患有淋病的母亲顺产生下的，那么便很有可能会患有眼睑膜炎，当然成年人也会有并发眼结膜炎的可能。”

汪教授喝口水继续说：“咱们再来谈谈临床上检验淋病的方法吧。先来谈谈传统的细菌学检验方法。根据研究表明，直接将样本涂片、染色后镜检的方法仍有着较高的检出率。但是因为这种方法要求检验者经验丰富、技术高超，所以应用有所限制。而培养法则是诊断淋病奈瑟菌的‘金标准’，在临床的准确诊断当中应用广泛。另外，应用一系列的生化反应也可以协助菌种的鉴别[1]。

“免疫学方法在微生物的检验中可谓是应用颇广，ELISA、生物素－链霉亲和素法、免疫荧光（Immunofluorescerice，IF）试验、胶体金试验等都可以通过检测样本中的抗原或抗体来辅助临床进行诊断。其中，ELISA 在免疫学方法当中应用最广；生物素－链霉亲和素法的敏感性和特异性均较高，还十分的简便；IF 的敏感性和特异性与前面的方法比就没有那么给力了，成本还比较高；交替近视眼在淋病早期的诊断中实用颇丰，可以作为一定的参考依据[2]。

“近年来分子生物学的方法发展迅速，有直接进行核酸检测的、有通过核酸扩增试验的、有通过 PRC 的、有通过基因芯片技术等。但是分子生物学方法因为技术要求高、步骤复杂，时间成本和经济成本均较高，在临床中的应用也受到了限制，但是在提高临床的诊断水平及在流行病学的研究当中还是发挥了举足轻重的作用。

“另外，随着经济的发展，人们对自己的身体健康越来越关心了，所以对于一些疾病的普查、防治都有较大的需求。这一需求就在一定程度上促进了快速检查方法的发展。目前在文献上有所提及的方法有发泡法、共凝法、应用专门的微量生化反应板等，这些方法都有着快速便携的特点，但是在灵敏度和特异度上则各有千秋[3]。”

小燕博士认真听完，道：“今天又跟着汪教授了解了不少新知识！”

参考文献

[1] 左世梅，付学丽，宋瑞瑜，等．淋病奈瑟菌感染的实验室诊断技术概述 [J]. 中国微生态学杂志，2020，32（4）：481-486.

[2] 向华国，熊礼宽，涂植光．淋病奈瑟菌感染的实验诊断进展 [J]. 重庆医学，2006（21）：1995-1997.

[3] 梅毒、淋病和生殖道沙眼衣原体感染诊疗指南（2020 年）[J]. 中华皮肤科杂志，2020，53（3）：168-179.

汪教授有话说

淋球菌，又称淋病奈瑟菌，隶属于变形菌门、β-变形菌纲、奈瑟菌目、奈瑟菌科、奈瑟菌属，为革兰氏阴性球菌，通常成双排列，连接面平整。淋病奈瑟菌的生长要求较高，需要巧克力平板，温度在35~36℃，3%~10%二氧化碳和相对较高的湿度，培养48小时后，菌落光滑、不透明、灰白色、凸起，延长培养时间可见黏液型菌落形成。

淋病奈瑟菌是绝对意义的人类病原菌，任何部位检出均有临床意义。该菌仅感染人类，主要通过性行为进行传播，也可通过母婴垂直传播或间接接触传播。尿道分泌物或脓液等标本涂片染色镜检找到典型的孢内革兰氏阴性双球菌，可作为初步诊断的依据。培养法是淋病诊断的金标准，也是WHO推荐的淋球菌感染的筛查方法。氧化酶试验和糖发酵试验常用于淋球菌的生化鉴定，更为便捷的是MALDI-TOF MS鉴定法。此外，分子生物学方法如荧光定量PCR检测淋球菌核酸片段、ELISA等免疫学方法检测淋球菌抗体在淋球菌的快速检测中也有一定的应用。

21. 拔牙的隐患

刚坐在电脑前，汪教授就发现对面的小燕博士今天有点不对劲。他推了推眼镜，仔细看了看，发现小燕博士的右脸肿了好大，腮帮鼓鼓的。小燕博士也微微蹙着眉头，好像不太舒服的样子。汪教授关切地问道："小燕，你今天怎么啦？好像不舒服，而且脸还肿了一大圈，怎么回事呀？"小燕博士艰难地张开嘴，一字一顿地说："昨天我去口腔医院拔了智齿，晚上脸就肿了，现在吃饭都很难，只能喝点稀粥。而且拔牙的伤口还好痛啊。"汪教授说道："怪不得，原来是拔牙了，那可是要难受好几天了。不过口腔的细菌还是有很多的，不仅有需氧菌，还有大量的厌氧菌，你拔牙的伤口还没有完全好，一定要注意防止感染呀。"小燕博士点了点头说："牙医在拔牙后让我去买点甲硝唑吃，就是说防感染的，但我昨天晚上还是有些发热，没准就是有炎症了。"汪教授听到小燕博士发热，便安慰她说："没事的，当天晚上轻微发热很正常，吃了抗生素就不用担心啦。"小燕博士又点了点头说："现在除了吃饭困难，都挺好的。"

汪教授说："一说到吃饭，我想起前几天看到的一个病例，是说一个小男孩用叉子吃饭时，不小心叉子掉落，把他的膝盖划破了，然后就是这个划破的伤口导致这个小男孩膝盖感染。"小燕博士捂着肿胀的脸颊，问汪

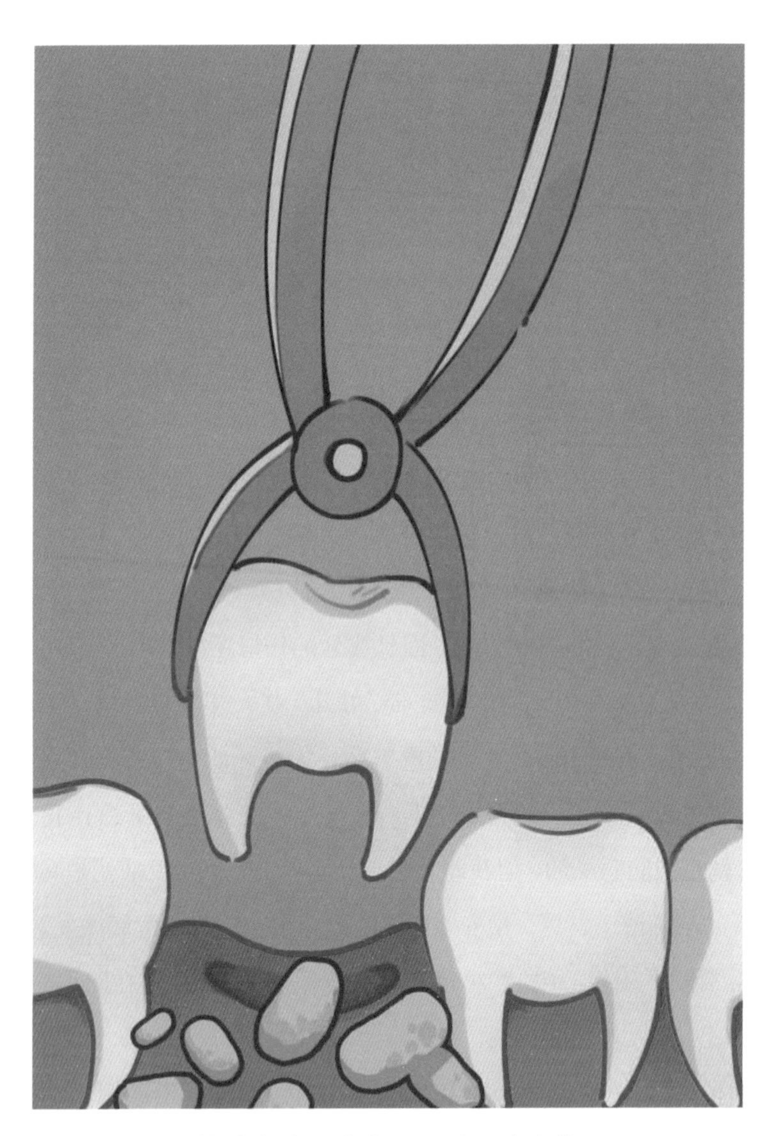

拔牙存在的隐患——侵蚀艾肯菌

教授:“这是怎么回事呀？他的感染是什么原因导致的呢？”汪教授讲道:“这是一种在人黏膜表面的常见细菌，叫侵蚀艾肯菌（*Eikenella corrodens*），牙科操作是感染的常见因素。这个小男孩的感染有可能就是叉子接触到了口腔的侵蚀艾肯菌，然后尖锐的叉子尖角划破膝盖皮肤，侵蚀艾肯菌趁机感染。”小燕博士听到侵蚀艾肯菌是牙科操作常见的感染微生物，顿时觉得肿胀的牙龈更疼了一些。她问汪教授：“汪教授，那我们要怎么鉴定这个侵蚀艾肯菌呢？”

汪教授讲道：“侵蚀艾肯菌是人类黏膜表面的固有菌群之一，通常存在于呼吸道、胃肠道等位置，一般不会致病，只是带菌状态。只有当机体免疫力下降或黏膜破损的情况下，才会感染人体。临床上我们还是有很多方法来鉴定侵蚀艾肯菌的,比如经典的细菌培养。侵蚀艾肯菌的菌落很有特点，其他细菌都是长在培养基表面，而它的菌落会嵌进培养基里面，并且菌落边沿有扩散生长的现象，整个菌落也像一个草帽。当然只凭菌落形态特点进行鉴定需要丰富的经验来确定，而且准确度不高，因此我们可以用生化反应鉴定。可以用微量生化反应管，或者用生化反应鉴定仪。临床上常用的就是生化反应鉴定仪，因为微量生化反应管需要的时间很长，并且需要很多小管子，很占地方，所以大家都用生化反应仪，反应时间更快。虽说生化反应仪鉴定时间更快，但至少也是几个小时，因此当标本量大的时候，就用到质谱仪啦。质谱仪省去了反应时间，直接就可以鉴定，是很好的鉴定方式。

“我们还可以用测序的方法，比如 mNGS 方法。先对标本进行处理，然后对标本的遗传物质进行扩增，再进行比对。根据比对的结果和条带的多少，就可以判断是否为侵蚀艾肯菌感染啦[1]。”

小燕博士听完，觉得拔智齿后感染的预防更重要了，于是说 :“那看来我的牙龈伤口还没好的时候，一定要注意口腔清洁，并且使用抗生素以防感染啦！”

参考文献

[1] 李凡，徐志凯 . 医学微生物学 [M]. 北京 : 人民卫生出版社，2018.

汪教授有话说

侵蚀艾肯菌隶属于变形菌门、β－变形菌纲、奈瑟菌目、奈瑟菌科、艾肯菌属，革兰氏染色为阴性直杆菌，菌体细长、笔直、无支链，末端圆形，形状规则。无鞭毛、无动力，但是可表现为“滑动”或“蹭动”，生长缓慢，不能在肠道培养基上生长，需要5%~10%二氧化碳和血红蛋白，菌落中心清晰，周围呈扩散性生长呈草帽样或斗笠状。侵蚀艾肯菌是HACEK家族（副流感嗜血杆菌、放线杆菌属、心杆菌属、侵蚀艾肯菌和金杆菌属）的一员，生长缓慢，属于人口腔及上呼吸道的正常定植菌，但当机体免疫力低下黏膜屏障受损时，侵蚀艾肯菌可入侵周围组织发生感染，可引起颈部脓肿、肝脓肿、腹腔感染、心内膜炎、中耳炎等，也多见于咬伤后伤口感染。侵蚀艾肯菌的实验室检查主要依赖于微生物学培养，怀疑侵蚀艾肯菌感染时可适当延长培养时间，对可疑菌落应用生化试验或利用全自动生化鉴定系统VITEK2的奈瑟菌－嗜血杆菌鉴定卡将其鉴定到种，基于蛋白质指纹图谱的MALDI-TOF MS鉴定方法更为方便快捷。此外，mNGS可从关节液、脑脊液、脓液、心脏瓣膜等标本中直接检出侵蚀艾肯菌，助力临床少见菌感染的诊治。

22. 肠胃炎的幕后黑手

周末，汪教授回了一趟老家。今天来到实验室的时候心情不错，脸上还挂着一丝笑意。看到小燕博士正推开门走进实验室，脸色苍白看起来不太好。“小燕，你这是怎么了？生病了吗？”汪教授问。小燕博士顺势坐到凳子上，叹了口气说：“哎，周末贪嘴点了些外卖。这可倒好，一下子吃坏了肚子成了急性肠胃炎，今天好不容易才恢复了一点。”汪教授摇了摇头道：“你们这些年轻人啊，总是贪图一时快乐满足自己的口腹之欲，现在得不偿失了吧！”小燕博士虚弱地靠在墙边，“吃了这次亏我就明白了。嗯？我倒是想起来，前天我去医院的肠道门诊挂号，医生不仅给我开了治疗肠胃炎的药，还开了一些志贺菌、沙门菌的检查，说是如果有结果出来就会联系我，那到今天我还没有接到医院的电话是不是没有感染呀？”汪教授停下来思考了一下，“肠道菌群的检查一般培养 24 小时就能出结果了，你这个情况应该是没什么大问题了，好好休息吧，可别乱吃东西了！”

汪教授喝了口水接着说道：“医生给你开这些检查都是很正常的，持续性腹泻在临床上是很容易出现埃希菌、志贺菌或者沙门菌等肠杆菌目细菌感染的情况，一般做简单的分离培养就可以鉴别了。之前有个患者在门诊的症状是肺炎，并且伴有持续性的腹泻，临床医生先根据经验给予患者广谱抗生素治疗，同时送粪便样本进行常规检查和显微镜下检查，结果发现粪便培养物培养出一种非乳糖发酵的生物。通过 Kirby-Bauer 纸片扩散法对该分离株进行抗菌药敏试验，发现其对呋喃唑酮、环丙沙星、氧氟沙星、头孢曲松和哌拉西林－他唑巴坦是敏感的，同时又显示出对氯霉素、四环素、萘啶酸和庆大霉素的耐药性。最终确定这种生物分型为亚利桑那沙门菌亚种[1]。”

小燕博士听完之后问：“汪教授，那我们具体应该如何鉴别沙门菌呢？”

汪教授继续回答道：“那我们就要从沙门菌（Salmonellae）的特性入手了。作为一种兼性厌氧菌，沙门菌对营养的要求并不高，在普通的琼脂平板上就可以生长了，在 SS 选择鉴别培养基上可形成中等大小、无色、半透明的 S 形菌落。沙门菌整个菌属都不发酵乳糖或蔗糖，但是可发酵葡萄糖、麦芽糖和甘露糖，除了伤寒沙门菌产酸不产气之外，其他的沙门菌都产酸产气。那么利用这一特性，当沙门菌在克氏双糖管中，可见斜面不发酵和底层产酸产气，当然除了伤寒沙门菌，呈现硫化氢阳性或阴性、动力阳性，这一培养结果就可以与大肠埃希菌、志贺菌等区别开来了，那么再利用尿素酶试验就可以与变形杆菌相鉴别了。”

小燕博士恍然大悟地说：“原来平常说的伤寒、副伤寒，是指这种细菌引起的疾病啊！”

汪教授哈哈一笑，“这只是现代医学的定义罢了。不过说到这个伤寒，倒是让我记起肠道沙门菌，这是我们中国人比较熟悉的一种沙门菌，它是非常常见的人畜共患病的病原菌，它主要的传播方式是被污染的食物、水及接触带菌者，它造成的危害范围覆盖全球[2]。2008 年 6 月，美国因为食用了被沙门菌污染的‘毒西红柿’，数百人感染了沙门菌，其中几十人因病情严重而住院，甚至还出现了死亡病例。2010 年 8 月，美国多个地区也出现了因食用被沙门菌污染的‘毒鸡蛋’而暴发的沙门菌疫情[3]，同时这种肠道沙门菌也是造成我国食物中毒的主要原因之一[4]。所以对我们检验科的医师来说，能够快速地检测出病菌就能尽早地为患者减轻一分痛苦。这主要的原因是近年来对沙门菌血清学分析及耐药性的研究越来越受到临床的重视，有报道显示，多重耐药沙门菌的血清型也是逐渐增多，且检出率也在逐年增加[5][6][7]。”

汪教授继续说道："沙门菌的血清型十分复杂，有 2700 多个血清型[8][9]，传统的针对沙门菌的血清分型方法所需的鉴定时间长，而且过程复杂，通常需要进行多次的诱导，同时还不能对粗糙型沙门菌进行分型，并且要求实验人员的技术更高。而实时荧光定量 PCR 法是以 PCR 为基础建立的新技术，特点是扩增与检测分析同时进行，有快速、敏感、特异等优点。其原理是事先选取好若干段能够代表沙门菌的代表性基因，针对基因设计引物、探针，来进行沙门菌血清型的确定。这种多重的 PCR 检测技术相比于普通的单重 CPR，它可以实现多通量的靶基因检测[10]，而且检测过程中也可以快速分型，整个过程只需要 2 个小时左右，大大缩短了检测所需要的时间，能够为疫情的溯源和报告提供最大程度的便利。但是这种方法不可避免地存在着一些缺点，对于一些罕见的沙门菌，比如黄金海岸沙门菌、火鸡沙门菌等也是无能为力，还是要依靠传统的血清分型来进行鉴定。所以有了这种手段，就能够很好地与传统血清分型的方法进行互补，大大提高检测的效率[11]。”

小燕博士听完后不禁点了点头，“作为人口大国的我们，在食品安全方面任重而道远啊。看来以后要尽可能地选择来源明确、可溯源、干净卫生的食物了，不然吃坏了还容易有生命危险呢。”汪教授笑了笑说："还是自己做饭菜，把食材都清理干净最让人安心了。”

汪教授有话说

沙门菌隶属于 γ－变形菌纲、肠杆菌目、肠杆菌科、沙门菌属，是一种常见的食源性致病菌。早在 1885 年，美国病理学家 Salmon 等人在霍乱流行时分离到猪霍乱沙门菌，故命名为沙门菌。沙门菌为革兰氏阴性杆菌，绝大多数有周身鞭毛，能运动，对外界抵抗力较强，在水、牛奶、粪便等环境中有一定的存活能力。人主要通过摄入被沙门菌污染的食物、水等引起感染，可引发伤寒、副伤寒等，是食物中毒的常见致病菌。沙门菌分类复杂，根据菌体抗原 O 抗原和鞭毛抗原 H 抗原的不同，沙门菌目前已被鉴定出超过 2700 种血清型。沙门菌感染的金标准是采集患者标本进行培养，标本类型可包括患者的血液、骨髓、粪便、尿液、呕吐物、可疑食物、水等，不同标本注意采集时限以防止假阴性。对于获得的可疑菌落进行生化试验或 MALDI–TOF MS 菌种鉴定，并进行血清凝集实验确定血清型别。肥达试验有助于伤寒或副伤寒的辅助诊断，而 PCR 等分子生物学检测具有快速的优点，在公共卫生领域有一定的应用。

参考文献

[1] MAHAJAN R K，KHAN S A，CHANDEL D S，et al. Fatal Case of Salmonella Enterica Subsp. Arizonae Gastroenteritis in An Infant with Microcephaly [J]. Journal of Clinical Microbiology，2003，41（12）：5830-5832.

[2] 刘阳，马炳存，刘峥，等 . 肠道沙门菌双相亚利桑那亚种检验特征分析及检验方法比较研究 [J]. 食品安全导刊，2022（1）：103-108，113.

[3] 刘华伟，张宏，王庆贺，等 . 强致病性沙门菌快速分子诊断技术的建立 [J]. 中国兽医学报，2011，31（3）：378-383.

[4] 于丽，钟钰，张欣媛 . 微波消解——原子荧光光谱法测定进口婴幼儿罐装食品中的锡 [J]. 食品安全质量检测学报，2016，7（1）：367-371.

[5] ZHU X H，ZHANG L，ZHANG L H，et al. Homology and Antibiotic Resistant Pattern of The Salmonella Strains Isolated from Diarrhea Patients in Dongguan City [J]. Chinese Journal of In—fection and Chemotherapy，2014，10（4）：319-322.

[6] BALLAL M，DEVADAS S M，SHETTY V，et al. Fatal Case of Diarrhea with Acute Kidney Injury and Hemiplegia Due to Salmonella Enterica Serovar Wangata：the First Report from the Indian Subcontinent [J]. Jpn J Infect Dis，2016，68（6）：530-531.

[7] ZHANG J Q，LUO X H，HUANG S J. Epidemiological Characteristics and Drug Resistance of Salmonella Infection in Children with Diarrhea in Yuyao，Zhejiang [J]. Disease Surveilllance，2017，30（9）：776-779.

[8] BRENNER F W，VILLAR R G，ANGULO F J，et al. Salmonella Nomenclature [J]. J Clin Microbiol，2000，38（7）：2465-2467

[9] 刘秀梅，陈艳，樊永祥，等 . 2003 年中国食源性疾病暴发的监测资料分析 [J]. 卫生研究，2006，35（2）：201-204.

[10] 李东迅，舒高林，王维钧，等 . 北京市昌平区临床分离沙门菌株分子分型与耐药分析 [J]. 江苏预防医学，2019，30（3）：246-248.

[11] 吕秋艳，曲梅，刘海涛，等 . 比较多重荧光 PCR 方法与血清凝集方法对沙门菌分型鉴定的效果 [J]. 热带医学杂志，2022，22（8）：1136-1139.

23. 爱吃凉拌菜？小心志贺菌食物中毒

夏天到了，天气变得燥热起来。一天午后，小燕博士从菜市场买菜出来后遇到了正在散步的汪教授，便上前打招呼。

汪教授问：“买了这么多蔬菜准备做啥好吃的？”小燕博士说道：“当然是凉拌菜了。夏天吃凉拌菜不仅清爽可口，而且营养健康。”汪教授笑着说：“你说得没错。不过凉拌菜营养健康的前提，是要做好这些蔬菜的卫生和保鲜，不然志贺菌（Shigella）很容易找上门的，加上凉拌菜本身没有经过高温的烹煮，直接吃下去还会有食物中毒的风险呢。”

小燕博士不解，便问：“这志贺菌是何来历？为何能使人中毒呢？”

汪教授解释道：“1898 年，日本科学家志贺洁率先发现了该种细菌，后来便以他的名字将其命名为志贺菌。志贺菌的家庭成员包括痢疾志贺菌、福氏志贺菌、鲍氏志贺菌、宋内氏志贺菌。在过去的 100 多年里，志贺菌们掌握了诸多‘技能’，抗冻耐寒便是其中之一。潮湿、阴暗的地方是它们的最爱，哪怕是在 0℃的环境下，它们都能顽强生存 3 个月之久，冰箱也拿它们没办法。在蔬菜水果上，志贺菌们一般可以生存 1~2 周，并且只要 10 个弟兄就能完成感染致病这个大工程，这足见它们致病力之强。在侵袭人类肠道这一方面，志贺菌们可谓是‘老手’了，作为人体第一道防线的胃酸也抵挡不住它们前进的步伐，它们透过胃酸屏障，来到回肠和结肠，并在此处的上皮细胞中安营扎寨，休养生息，不断繁殖，壮大队伍，更重要的是疯狂制造它们的毒性武器——内毒素、外毒素，作用于肠黏膜并损伤上皮细胞，引发细菌性痢疾。毒素入血后随着血流扩散，可以攻击肾脏和大脑，从而造成溶血性尿毒症、肾衰竭及中枢神经系统紊乱等严重并发症。曾经就有位年轻人，因感染宋内氏志贺菌，而引发了溶血性尿毒症综合征，经住院治疗 5 天病情才有所缓解。感染者往往表现出全身中毒症状、发热、腹痛、腹泻、里急后重、排脓血样便，严重者还可引发感染性休克或中毒性脑病，甚至死亡。到这一步还没结束，志贺菌们在人体内得逞后，还会随着感染者的粪便排出并去探索更广阔的世界，通过污染感染者的日常用品、水、食物或者苍蝇后，从口腔再一次向新人发起冲锋，所以在不卫生和人口密集的条件下，志贺菌可以迅速传播，导致疾病暴发。幼儿因为免疫力薄弱，最容易受其影响，在感染后可以引起急性中毒，病死率很高。此外，其他年龄段的人也不可大意，一旦因某些慢性病、过度疲劳、暴饮暴食而抵抗力低下时，便是志贺菌兴风作浪的最佳时机。据统计，全世界每年都会有约 1.6 亿的人深受其害，并且约 110 万人因其死亡。人类感染性腹泻致病菌之首，志贺菌当之无愧。”

小燕博士听后很是吃惊：“小小志贺菌竟有如此祸害人的本领，那我们该如何将其检测出来呢？”

随后，汪教授一边散步一边继续为小燕博士介绍志贺菌的检测方法。

“志贺菌属形态短小呈杆状，革兰氏染色阴性，且只有菌毛这一特殊结构，在显微镜下难以与其他肠道致病菌区分开来。然而，志贺菌在肠道选择/鉴别培养基上显示出来的特殊颜色可以帮助我们进行识别。尽可能在发病早期及治疗前采集患者新鲜脓血黏液便或肛门拭子标本，增菌后转移接种或直接接种到不同的培养基中，37℃培养 18~24 小时后观察菌落颜色与形态。在 MAC 琼脂培养基上形成无色、半透明的圆形菌落，表面光滑、湿润，边沿整齐；在志贺菌显色培养基上呈现出白色到粉红色的清晰菌落，还能使周围培养基变成红色；而在 SS 平板上则为淡黄色、半透明的菌落。在不同的培养基中志贺菌就像个‘变色龙’一样能展现出不同的菌落颜色，甚是有趣。

“不过单纯依靠这点还不足以鉴定志贺菌，我们还需要进一步挖掘它们的独特之处将其准确地识别出来。在生化反应方面，志贺菌属氧化酶试验呈阴性，触酶试验呈阳性。该家族的四兄弟均能分解葡萄糖产酸不产气，除宋内志贺菌可以迟缓发酵乳糖外，其他均不分解乳糖，这使得它们在克氏双糖铁琼脂（KIA）培养基上具有特定的表现。此外，还有动力－靛基质－尿素（MIU）培养基能帮助我们从动力反应、吲哚试验、脲酶反应多个方面对志贺菌进行考量。如果培养出来的可疑菌落生化反应结果符合志贺菌的特点，便可初步鉴定为志贺菌。

“志贺菌属的四兄弟在生化反应方面的表现差别不大，仅仅通过生化鉴定无法将它们区分开来。人们根据它们菌体抗原构造的不同，将志贺菌属细菌分为四个群，也就是上面提到的那四个兄弟，依次以 A、B、C、D 群代称。每个群又细分出多种的型别。若想具体到其中任意一个，则需要依据血清学试验对其进行分群和分型鉴定。挑选适量的可疑菌落加志贺菌属 A~D 群多价血清做玻片凝集试验，有时菌体表面的抗原还会出来‘捣乱’，将反应隔绝而表现出不凝集，这时可通过加热到 100℃保持 15~30 分钟将抗原破坏，再进行凝集试验。如发生凝集，用定群和定型的诊断血清试剂做玻片凝集试验便可以将其鉴定到群和型。

“除了以上的生化鉴定和血清学鉴定方法之外，人们为了克服传统培养方法的局限性，从免疫学角度出发，设计了多种针对志贺菌抗原或抗体的快速诊断方法，如免疫染色法、免疫荧光菌球法、协同凝集试验、乳胶凝集试验等，无须培养便可以直接对患者粪便标本中的志贺菌进行特异性检测。随后人们还引入了实时 PCR 和 PCR-ELISA 等快速分子诊断方法，根据志贺菌的毒力基因对其进行分子检测，具有很高的灵敏度，但是存在的非特异性扩增和引物二聚体往往会降低检测的准确性和特异性。

“为了解决诸如此类的问题，人们对新方法的科学探索从未停止。基于 LAMP 的快速诊断测试具有足够的敏感性和特异性，可用作一种简单快速的检测方法，以检测流行国家的志贺菌，并确定这些病原体在流行国家的疾病负担，这对肠道感染的有效预防以及治疗干预措施具有指导性的作用[1]。此外，人们使用全细菌 SELEX（WB-SELEX）策略开发了一种基于核酸适配体的荧光生物传感器平台，可以快速而灵敏地区分宋内志贺菌和其他肠道细菌[2]。重组酶聚合酶扩增技术（Recombinase Polymerase Amplification，RPA）与侧流试纸的结合，也可以用于快速检测志贺菌[3]。”

小燕博士说：“听您讲这么多，我明白了，其实做好卫生对于志贺菌感染的预防非常关键，然而，对于已经感染的患者来讲，能将志贺菌这个罪魁祸首快速有效地检测出来的方法则显得更加重要。”

汪教授有话说

志贺菌，又称痢疾杆菌，隶属于 γ－变形菌纲、肠杆菌目、肠杆菌科、志贺菌属，革兰氏阴性杆菌，无鞭毛，有菌毛，在 1898 年由日本微生物学家志贺洁首先发现，因此而得名。志贺菌是人类细菌性痢疾最常见的病原菌，主要存在于粪便中，但也存在于污染物品和水果蔬菜表面，可存活数十天。根据 O 抗原不同，志贺菌可分为四个群，即痢疾志贺菌、福氏志贺菌、鲍氏志贺菌、宋内志贺菌，国内以福氏和宋内志贺菌为主。志贺菌主要通过消化道传播，人通过摄入污染的水或食物而感染，人群普遍易感。细菌学培养是志贺菌感染诊断的金标准，对于粪便培养获得的可疑菌落进行生化试验或利用全自动菌种鉴定系统进行鉴定，血清学凝集试验确定血清型别。免疫学方法如免疫染色法、免疫荧光菌球法、协同凝集试验、乳胶凝集试验可直接检测患者粪便中的志贺菌，无须培养，方便快捷。分子生物学方法如实时 PCR、PCR－ELISA、基于 LAMP 的快速诊断测试和基于核酸适配体的荧光生物传感器平台等新方法在志贺菌的快速检测中也有所探索和应用。

参考文献

[1] CONNOR S，VELAGIC M，ZHANG X，et al. Evaluation of a Simple，Rapid and Field-adapted Diagnostic Assay for Enterotoxigenic E. Coli and Shigella [J]. PLoS Negl Trop Dis，2022，16（2）：e0010192.

[2] SONG M S，SEKHON S S，SHIN W R，et al. Detecting and Discriminating Shigella Sonnei Using an Aptamer-Based Fluorescent Biosensor Platform [J]. Molecules，2017，22（5）.

[3] BIAN Z，LIU W，JIN J，et al. Development of a Recombinase Polymerase Amplification Assay with Lateral Flow Dipstick（RPA-LFD）for Rapid Detection of Shigella Spp. and Enteroinvasive Escherichia Coli [J]. PLoS One，2022，17（12）：e0278869.

24. 蹑影潜踪的嗜肺军团菌

盛夏的天空，就像一张蔚蓝的画布，缺少白色颜料，只有一轮烈日，显得炽热且单调。小路上空无一人，偶尔出现的人也都匆匆从这个火炉般的地方逃离。路边的树木依然挺立在烈日中，树叶反射着烈日的光芒，仿佛在诉说着天气的炎热。阳光照向窗户，被厚厚的窗帘阻挡，窗子的另一边，是与外面完全不同的世界。在空调的运行下，汪教授和小燕博士正享受着室内的凉爽，吃着解暑的冰激凌。

小燕博士感叹道："还是屋里凉快，天气这么热，真想象不到要是没有空调该怎么度过夏天！"汪教授说道："是呀！空调在炎炎夏日给我们带来了凉爽，但是你知道吗？有一种细菌曾经通过空调来进行大量传播，导致人类疾病。"小燕博士很好奇："是什么细菌可以通过空调传播？"

汪教授回答道："是嗜肺军团菌（*Legionella pneumophila*）。它除了可以隐藏在空调制冷系统，还可以定植在人工供水系统中，包括淋浴器、矿泉池、喷泉等，水体中的嗜肺军团菌常以气溶胶的形式经呼吸道传播给人。感染嗜肺军团菌会导致军团菌病。在感染早期，消化道症状明显，有一半的患者伴有腹痛，也可能出现神经症状，比如焦虑、神经迟钝、谵妄等。晚期的症状有高热、寒战、咳嗽、头痛、胸痛等，重者可发生呼吸衰竭。

“嗜肺军团菌十分擅长隐匿踪迹。1976年，在美国费城，一群退伍军人在贝尔维–斯特拉特福德饭店聚会，享受战友重逢的喜悦。然而，在结束聚会后，参加聚会的退伍军人都陆续病倒，甚至有人死亡，这引起了民众的恐慌。研究人员想要寻找这个致病的病原体，但是他们尝试了各种方法，依然一无所获。直到研究人员用鸡蛋代替普通的培养基，才终于发现了嗜肺军团菌。经过研究发现，嗜肺军团菌不能在普通的培养基上生长，它生长的营养要求很高，需要钙、镁、铁、锰、锌、钼等元素，以及L-半胱氨酸、甲硫氨酸等，普通的培养液不能满足它的要求。还有一个原因是我们实验室一般采用的实验动物是大鼠，而大鼠对嗜肺军团菌有免疫作用，这就导致研究人员难以发现它。

“从发现嗜肺军团菌开始，研究人员对它进行了大量的研究，现在我们已经有了可以检测和鉴定嗜肺军团菌的方法。分离培养是检测嗜肺军团菌的‘金标准’。我们通常采用BCYE或GVPC平板来分离培养嗜肺军团菌，这两种平板都有嗜肺军团菌生长所需的营养物质。培养得到可疑菌落后，再同时接种于BCYE和血琼脂平板上，如果在BCYE平板生长，在血平板上不生长，可以初步鉴定为军团菌。分离培养的方法结果准确，但需要特殊的培养基，价格昂贵，且菌落生长所需时间较长，对实验人员的技术要求较高。

“嗜肺军团菌最常见的检测方法是尿抗原检测，常采用的方法有放射免疫法、DIF、免疫层析法、ELISA等。尿抗原检测简便、快速、价格低廉，因此是临床上常用的检测嗜肺军团菌的方法：缺点是只能检测一部分血清型，不能检测全部嗜肺军团菌。

“我们还可以通过血清学方法来鉴定嗜肺军团菌。血清学方法一般检测患者血清中的嗜肺军团菌 IgM 抗体，也可制备单克隆抗体，检测患者血清中死亡嗜肺军团菌抗原。常采用 IF 和 ELISA 法，优点是简便、快速，适用于早期诊断。

“此外，分子生物学方法也是常用的嗜肺军团菌检测方法。常用的分子生物学方法有 PCR、巢式 PCR、实时荧光定量 PCR 等，通常选择扩增 mip 基因。PCR 扩增 mip 基因后，进行琼脂糖凝胶电泳，即可检测是否有嗜肺军团菌。巢式 PCR 与常规 PCR 的区别是使用两对引物，可以提高特异性。实时荧光定量 PCR 通过加入荧光探针，读取荧光信号，全程监控 PCR 反应进程，可以定量检测。

“LAMP 是一种新型的核酸扩增方法，特点是针对靶基因的 6 个区域设计 4 种特异引物，在链置换 DNA 聚合酶的作用下，60 ~ 65℃恒温扩增，不需要改变温度。它可以将浑浊度作为反应的指标，只用肉眼观察白色浑浊沉淀，就能鉴定扩增与否，操作简单、特异性强、易判定结果，不需要 PCR 仪和昂贵的试剂。因此，这一方法有着广阔的应用前景。”

汪教授有话说

嗜肺军团菌，隶属于γ-变形菌纲、军团菌目、军团菌科、军团菌属，是一种革兰氏阴性多态性的短小球杆菌，营养要求高，需要专用的培养基。1976年，美国费城退伍军人中暴发了急性发热性呼吸道疾病，科学家们首次发现该病原体并将其命名为军团菌。军团菌是一类广泛存在于自然界中的机会致病菌，可在自然界长期存活，通过气溶胶传播感染机体，包括三十余种病原体，其中嗜肺军团菌最为常见。嗜肺军团菌是一种细胞兼性寄生的细菌，可在肺泡上皮细胞和巨噬细胞内大量繁殖，其主要致病物质是细胞外膜上的脂多糖抗原。对于嗜肺军团菌，实验室通常会用专门的军团菌培养基进行分离培养，然后根据生化试验进行菌种鉴定。作为金标准，此培养法有较强的敏感性和特异性，但耗时长、难度大。IF、ELISA等免疫学方法用于检测尿抗原或血清抗原，具有快速方便的特点，可用于军团菌的辅助诊断。分子生物学方法如PCR、巢式PCR、实时荧光定量PCR和LAMP等方法在嗜肺军团菌的核酸检测上大显身手，具有广阔的应用前景。

参考文献

[1] 张然，陈桂冰，邱亚群，等 . 环境水中嗜肺军团菌分离培养与巢式 PCR 检测研究 [J]. 实用预防医学，2015，22（1）：31-33.

[2] 刘洪亮，陈学敏 . 嗜肺军团菌的研究进展（二）[J]. 中国卫生工程学，2006（3）：177-179，183.

[3] 刘凡，张宝莹，郭亚菲，等 . 综合医院肺炎患者嗜肺军团菌感染现况调查 [J]. 环境与健康杂志，2014，31（8）：659-661.

[4] 刘凡，张宝莹，陈晓东，等 . 土壤中的军团菌和嗜肺军团菌 PCR 检测研究 [J]. 环境与健康杂志，2010，27（3）：195-197.

[5] 冯华，张传福，史云，等 . 嗜肺军团菌荧光定量 PCR 方法的建立及在公共场所集中空调检测中的应用 [J]. 军事医学，2018，42（5）：356-360.

[6] 张琦，陈晓东，张宝莹，等 . 嗜肺军团菌荧光定量 PCR 检测方法的建立 [J]. 江苏预防医学，2010，21（3）：3-6.

[7] 李辉腾，郭旭光，陈瑞娟，等 . 荧光环介导恒温扩增技术检测嗜肺军团菌方法的建立 [J]. 国际检验医学杂志，2017，38（22）：3136-3138.

25. 稻香很美，也要当心

马上要放假了，小燕博士最近都觉得上班都有奔头了。她最近已经想好了放假的好去处，就是去农家乐游玩。午休时小燕博士一边刷着手机里农家乐的旅游分享，一边哼着周杰伦的歌曲《稻香》。汪教授吃完午饭回来，看到小燕博士捧着手机哼着小曲，心情特别好，就问她："小燕，最近怎么啦？心情这么好呀！"小燕博士说："汪教授，我已经准备好假期的规划了！"汪教授好奇地问:"哦？你假期准备去哪里呀？"小燕博士冲着汪教授摇了摇手机："我准备叫上几个好朋友，去城郊的农家乐去玩呐！农家乐里有葡萄凉亭，坐在下面既可以遮阳，还可以吃上新鲜的葡萄；既可以去老母鸡窝里偷蛋、满山追小羊，还可以大家一起做炭火烤串，可有意思了。汪教授，你要不要和我们一起去呀？"汪教授推了推眼镜说："听起来真是很有意思啊，我看看我的安排，应该是可以一起去的。"小燕博士很开心，说："好呀好呀，而且我看到这个农家乐里面还有一片稻田，养了小龙虾，我们可以去捞小龙虾，然后做小龙虾吃。"汪教授说："哇，听着真好啊，我也很喜欢吃蒜蓉小龙虾。不过我们如果去稻田抓小龙虾的话，一定要保护好自己，尽量不要让伤口接触到稻田里的水。"小燕博士问汪教授："汪教授，这是为什么呀？"汪教授说："因为稻田里存在许多细菌，而其中有一种菌很隐匿，发病也没有特征性的表现，所以一定要注意哦。”小燕博士没想到去农家乐游玩也会有细菌感染的风险，便问汪教授：“汪教授，您能和我讲讲这种菌吗？”

汪教授说：“当然没问题。这种细菌是类鼻疽伯克霍尔德菌（*Burkholderia pseudomallei*），主要存在于亚热带和热带地区，因为这些地区的温湿度都很适合类鼻疽伯克霍尔德菌的生长。而且这种菌的适应能力极强，可存活于水体和土壤中，尤其是稻田里。之前有一个妇女，入院前 10 天出现发热，当地医院对其进行抗感染治疗，但并没有任何好转。而且在她入院发热后 6 天先后出现关节肿痛，经诊断是软组织感染。后来由于实在找不到病因，医生抽取了其关节肿物做了 mNGS 检测，结果是类鼻疽伯克霍尔德菌感染。确定感染细菌后，医生使用相应的抗生素，她就不发热了，而且关节软组织感染也得到治疗。”小燕博士说：“那后来问没问这个女士是怎么感染的？”汪教授说：“这名妇女是一名农妇，据她说发病前一直在稻田里做农活，所以医生们严重怀疑是她的腿部有伤口，当她在稻田里时细菌趁机进入其腿部而感染的。”小燕博士说：“怪不得，您说去稻田要注意防护，原来是有真实的案例啊，这也太吓人了。您刚才说这种细菌是通过 mNGS 的方法鉴定出来的，那还有其他的鉴定方法吗？”

汪教授说：“当然有了。刚才的病例是 mNGS 鉴定得出的结果，这种方法比较适合难辨感染的鉴定，因为它速度快、精度高，但缺点是价格较贵，因此不是临床常用的方法，只有很难确定感染微生物时才会使用。类鼻疽伯克霍尔德菌也可以通过分离培养的方法，可以用血培养基，也可以用含有一定抗生素的特殊培养基。培养后就可以用生化反应进行鉴定了，生化反应是鉴定细菌的金标准。然而用微量生化反应需要的管子很多，效率不高，并且很浪费时间，因此工程师们设计了生化反应仪，既缩短了时间，也提高了效率，是临床上常用的鉴定方法之一。除了生化反应，还可以用 MALOI-

TOF MS来鉴定，可以比对细菌的蛋白图谱，这种图谱和人的指纹一样，每种细菌的图谱都不一样。科学家们做了一个数据库，记录了很多细菌的图谱，所以我们做出细菌的图谱，然后和数据库进行比对，就可以鉴定出类鼻疽伯克霍尔德菌了。

“除了传统的微生物方法，也可以用免疫学方法检测，也就是测定特定的抗原或抗体。可以用的方法包括ELISA，有较高的灵敏性。但由于这种方法的试剂盒很少有商家供应，因此并不是临床常用的方法。除此以外，还可以直接对标本进行荧光染色的方法，这种方法1小时就可以出结果，非常迅速，但对人员的操作和仪器要求较高，需要专业技术人员进行染色，并且需要荧光显微镜。

“除了ELISA外，还可以用色谱分离技术。有研究证明液相色谱（Liquid Chromatography，LC）分析技术结合PCR法可以对类鼻疽伯克霍尔德菌进行鉴定，效果非常好，鉴定准确率可达到100%。然而这种方法操作烦琐、耗时较长，只作为临床研究使用。

“还有一种就是分子鉴定法，也就是PCR方法，不仅可以对类鼻疽伯克霍尔德菌的RNA进行PCR扩增，也可以对全基因组进行扩增，然后测序，也就是刚才提到的mNGS方法，都可以进行鉴定。”

小燕博士听完，说道：“今天又学到了好多知识，这个类鼻疽伯克霍尔德菌临床上不是很常见，但也要引起我们的关注。看来我们去农家乐玩的时候，一定要注意自己的防护。”

参考文献

[1] 刘青芹，段雄波，李金钟.类鼻疽伯克霍尔德菌分离鉴定进展[J].中国人兽共患病学报，2008（10）：970-973.

汪教授有话说

类鼻疽伯克霍尔德菌，隶属于变形菌门、β－变形菌纲、伯克霍尔德菌目，是广泛分布于全世界热带及亚热带气候土壤中的腐生菌，需氧革兰氏阴性球杆菌，有多根鞭毛，动力阳性，吲哚试验阴性，氧化酶试验阳性。类鼻疽伯克霍尔德菌可感染多种哺乳动物，特别是猪、羊，可引起人和动物的类鼻疽病。人类主要经由开放的伤口或皮肤破损处直接或间接接触到土壤中的病原菌而致病，也可以通过消化道、呼吸道途径而感染。明确类鼻疽伯克霍尔德菌的感染的金标准方法是培养法，对临床标本进行培养获得可疑菌落后根据生化特性进行菌种鉴定，MALDI-TOF MS 可在数分钟内实现对类鼻疽伯克霍尔德菌的准确鉴定，优势显著。血清学方法由于存在交叉反应，特异性不高，在临床应用不多。此外，mNGS 在类鼻疽伯克霍尔德菌感染诊断中的应用也有所报道。

26. 皮肤上也会长“硫黄”？

周一，小燕博士坐在椅子上打着哈欠看文献。汪教授在对面问：“小燕，是不是周末出去玩累了？今天早上怎么这么困呀？”小燕博士点了点头，说道：“是呀，周末我和好朋友一起去泡了温泉。”汪教授说：“秋天确实适合泡温泉，很舒服的。”“是的，我们去的还是山上的户外温泉，旁边就是高大的树木和鲜花，泡在池子里特别舒服，所有的烦恼都忘掉了。听讲解说这个温泉还是含硫黄成分的。”汪教授说道：“小燕，那你知不知道有一种微生物感染，也会在伤口处长出小小的‘硫黄’呢？”小燕博士顿时困意全无，瞪大了眼睛问汪教授：“还有含‘硫黄’的微生物？是什么呀？”

汪教授介绍说：“这种微生物是放线菌（Actinomyces），它是由于菌落呈放线状而得名。最开始人们以为它是一种真菌，因为在镜下观察，它有分枝的菌丝，也有孢子，在培养特征上也与真菌类似。但近代分子生物学研究表明，放线菌并不是真菌，而是一种有分枝状菌丝的细菌。放线菌常常会在破溃的皮肤处感染人体，并且在感染皮肤处产生一种特殊的‘硫黄颗粒’。这种颗粒其实是放线菌在组织中形成的菌落。”

小燕博士点了点头说：“原来是这样，此硫黄非彼硫黄呀！这种细菌可真神奇！可是并不是所有放线菌感染的患者都会有明显‘硫黄颗粒’的产生。

那我们还有哪些方法可以检测到放线菌感染呢？”

汪教授说：“检查的方式有很多，最简单快速的就是染色了。当我们用革兰氏染色对放线菌进行染色时，放线菌会被染成紫色，而且可以看到很多分枝。除了直接染色观察，我们还可以用生化反应进行鉴定。细菌的生化反应鉴定比染色结果慢，但却是最为准确的一种方法。每种细菌的生化反应都是不同的，我们可以通过接种生化反应管、生化鉴定仪等方式，进行放线菌的鉴定。并且由于在染色过程中，细菌涂片的薄厚、染色时间、脱色时间等操作都会导致染色结果产生误差，而细菌生化反应鉴定则可以很好地避免这些误差。但生化反应鉴定需要的时间太久了，微量生化反应管要过夜，生化鉴定仪也要好几个小时，时效性太差了，因此我们还可以用质谱仪进行鉴定。质谱仪缩短了很多鉴定的时间，检测的精确度也很高，因此质谱鉴定细菌的方式是临床上常用的方式之一。

“前三种方法都是临床上常用的方法，还有很多可以进行放线菌的鉴定，比如用 mNGS 方法，也可以快速检测出放线菌的存在。这种方法是先对标本进行 PCR 扩增，然后对扩增的遗传信息与数据库里的信息进行比对。这种方法不仅省去了对放线菌培养的时间，也更加精准。缺点是它的费用很高，对报告的审核也需要有丰富经验的专业人员，因此在临床上不太常用。还有一种检测放线菌内部核糖体序列的方法，也是 PCR 法的一种，只是扩增的核酸不同。这种方法也是先扩增放线菌核糖体 RNA，然后再进行测序，这种方法不仅可以鉴定放线菌，也可以进行进一步的种、亚种的鉴定[1]。”

听完汪教授的介绍，小燕博士说：“好像放线菌感染人的病例不是很常见，我们可要多学一些知识，如果发现类似的可以马上想到。”汪教授回答说：“是的，放线菌主要存在于土壤和植物中，感染人体是很少的，所以不容易被想到。因此我们需要更加重视放线菌感染的情况，早发现才能早治疗。”小燕博士说：“没想到通过‘硫黄’又可以学到关于细菌的新知识了！看来生活处处是学问呀，我们还要继续学习！”

参考文献

[1] 余凤玉，祝安传，杨德洁，等．奇异根串珠霉菌拮抗放线菌的筛选与鉴定 [J]. 中国南方果树，2022，51（6）：52-56.

汪教授有话说

放线菌隶属于放线菌门、放线菌纲、放线菌目、放线菌科、放线菌属，革兰氏染色为阳性，非抗酸性丝状菌，菌丝细长无分隔，有分枝。不同于普通的细菌，放线菌以裂殖的方式繁殖，培养较为困难，大多定植于人和动物的口腔、上呼吸道、消化道及泌尿生殖道，属于正常菌群。但当机体抵抗力下降或黏膜受损时可发生内源性感染，引起放线菌病。对于放线菌病，在脓液或伤口分泌物中找到硫黄颗粒，压片后在显微镜下观察是否有菊花状排列的菌丝，或取活组织切片染色检查，找到病原体有助于诊断。必要时可以做厌氧培养，但放线菌生长缓慢，常需 2 周以上，对于可疑菌落，可借助 MALDI-TOF MS 进行菌种鉴定。

真菌篇

真菌独立于动物、植物和其他真核生物，自成一界。科学家已经发现了十二万多种真菌，而日常生活中我们能够接触的真菌有霉菌、酵母菌，还有常吃的鲜美的菌菇。真菌较高层级的分类仍有很大争议，随着新理论不断提出，各个分类阶层的名称均常有变动。且同一种真菌还可能在生活史的不同阶段，例如无性与有性世代拥有数种不同的学名，使真菌分类更加复杂。大部分真菌对人体无致病性，只有少部分会引起感染。真菌在生产生活中也起着很大作用，我们熟知的青霉素就是从青霉菌中发现的；我们常吃的木耳、香菇等也都是真菌。

27. 会吃肉啃骨的“棉花糖”

这天中午，小燕博士看到一条酒后驾车出车祸的新闻，不禁感慨：“真是喝酒误事啊。”听到小燕博士的感叹，汪教授便问道：“小燕，你知道我们平时喝的酒是怎么酿造的吗？”小燕博士想了想，回答道：“这个还真不知道，只知道是粮食酿造的，但不知道具体的过程。汪教授，您能给我讲讲吗？”于是汪教授说道：“我们平时喝的酒其实是一类发酵的食物，以高粱或小麦为主要原料，利用根霉菌（Rhizopus）发酵其淀粉形成乙醇、乳酸、酯类等，混合形成了我们喝的酒的独特口感。”听到酒是由根酶菌发酵而来的，小燕博士不禁敬佩汪教授的渊博学识：“汪教授，您知道得真多呀！”汪教授又补充道：“其实根霉菌在我们的日常生活中用处很大。我们平时喝的米酒也是根霉菌的功劳。因此根霉菌又被称为‘酒曲中的精灵’。不过根霉菌一旦感染人体，就会很凶险。”小燕博士惊讶地说道：“根霉菌还会感染人啊？那是有多凶险呀？”汪教授回答道：“有一个得了白血病的小女孩，就是因为并发了根霉菌感染不幸病逝了。从发现皮肤有变化到死亡，只有5天时间。”“天哪！根霉菌感染这么危险啊！”小燕博士惊呼。汪教授说：“是啊，所以根霉菌感染发现越早越好，只有早发现才能保护患者的生命健康。”小燕博士又问道：“那根霉菌的感染都有哪些检测方法呢？这些方法的时效性又怎么样呢？”于是

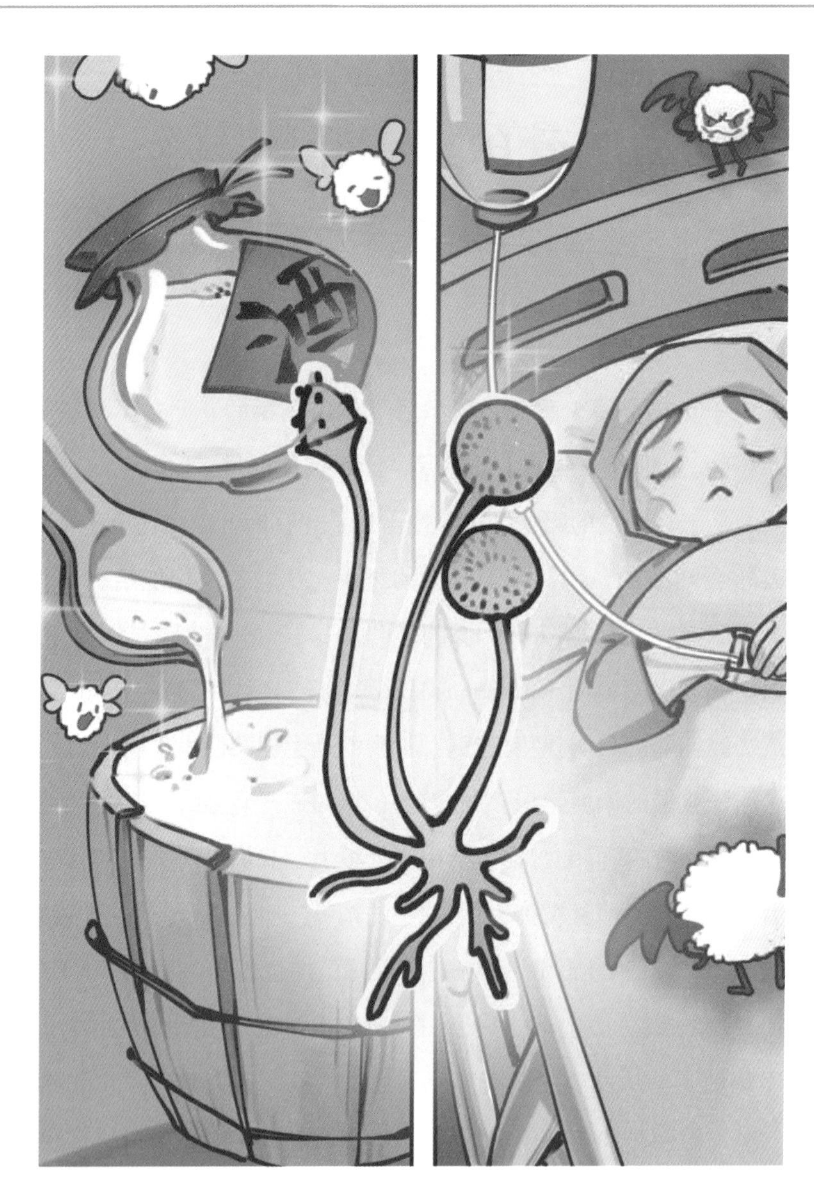

酒曲精灵根霉菌也会引起感染

汪教授开始讲述人体感染根霉菌的检测方法。

汪教授说："根霉菌属于真菌界根霉属。人类最早发明的酿酒技术就是控制根霉菌的发酵进程。根霉菌营养条件要求不高，为机会致病菌。正常人体在感染根霉菌后会被免疫系统快速清除，因此易感人群就是那些免疫力低下的人，如糖尿病患者、接受放化疗的患者、艾滋病患者等。

"在患者身体取得的样本，经真菌培养，如果长出真菌，并且在显微镜下证实是根霉菌，就是最有力的证据。比如我刚才讲的那个小女孩，医生在她手背输液的地方发现皮肤产生了黑色的点状病变，并且迅速扩大。如果我们在她手背取一块组织，放到专门的真菌培养皿上培养，发现了有霉菌的生长，并且我们在镜下证实是根霉菌，就可以诊断她是根霉菌感染者。

"真菌的形态五花八门。如果光看它们的菌落形态，我们无法判断真菌的类型。我们只有在显微镜下观察每种真菌的样子，才能找到确定真菌类型的依据。根霉菌生长初期在真菌培养基上是白色的毛茸茸一团，很像我们平时吃的棉花糖。

"至于微观世界的观察，我们则需要通过染色剂来让根霉菌显出原形。常用的真菌染色方法有乳酸棉兰染色和荧光染色。这两种染色法都是让真菌着色，尤其是要让其与背景颜色产生对比，这样我们就可以看到真菌微观的真面目啦。

"如果我们用显微镜来观察根霉菌，就会发现它有着像树根一样的结构，学名叫假根，而它的名字就形象地叫根霉菌了。在这个'根'上面有一个长长的像树干一样的梗，学名叫作孢子梗。在孢子梗的顶端还长着像灯笼一样的孢囊，这里面可是装满了孢子，也就是根霉菌的种子，一旦这个像网兜一样的孢囊破裂了，里面的孢子就会四处飞散，就像蒲公英一样。它们遇到营养合适的地方马上就会生长出来，甚至可以渗入骨头和肌肉中，能把骨头和肌肉侵蚀得一点不剩。并且它们生长的速度也很快，从生长到成熟 48 小时就足够了。正因为它生长如此迅速，引起的疾病进展也是非常快，往往医生还来不及处理患者就离世了。这就是根霉菌的凶险之处啊。

“可是显微镜观察需要由有一定经验的技术人员操作，而且也不是每次都可以成功观察到很好的形态。因此现在我们还会用质谱仪来进行辨认，也就是 MALDI-TOF MS 的方法。质谱仪可以给每个样本做它的蛋白质图谱，和我们的指纹类似，不同微生物的图谱是不同的。得到图谱后，我们与已知微生物的图谱库进行对比而得到鉴定结果并最终确定真菌种类。这个方法快速而且准确，可以具体到微生物的种。质谱仪分析也是现在微生物检测最常用的手段之一。

“不过就算质谱仪非常快速，也是需要先培养出根霉菌才能做，而 G 实验则可以通过血液或者体液来快速检测出是否有真菌感染。G 实验是一种真菌检测方法，它是通过检测真菌细胞壁的特殊成分来判断是否有真菌的感染。只是这种方法不能确定具体是哪种真菌的感染，而且如果食用了真菌食品，还会造成假阳性。

“为了更精准地检测根霉菌感染，人们又发明了分子检测技术。我们知道每个物种的 DNA 都是独一无二的，根霉菌也是如此。如果我们在患者的身体里找到了根霉菌的 DNA，那就可以证明是根霉菌感染了。分子检测技术就是通过检测遗传物质（DNA 和 RNA）来进行诊断的。我们可以采用 PCR 扩增的方法，也可以采用 mNGS。其中，mNGS 可以在患者产生症状前、遇到疑难感染病例、培养不出来等情况下作出检测。如今，因其高效性和准确性，这种方法越来越多地被用于临床感染性诊断。

“刚才我讲的都是临床上常用的检测方法。我们也可以通过凝胶电泳的方法来检测真菌感染。通过提取真菌的DNA进行扩增，然后对扩增的DNA片段进行电泳，从而得到独一无二的特征性条带。我们把这些特征性条带和已知的条带库进行比对，就可以得到结果。不过这种方法操作起来比较费时，而且对技术人员的要求也比较高，所以不作为临床常用的检测方法。”

小燕博士感慨道：“原来我们有这么多的方法可以用来检测真菌的感染。技术进步造福人类啊！”

汪教授点点头：“是的，这都是科研人员努力的结果。我们检验医生也要竭尽所能，加强和临床医生、患者的沟通，选择最合适的检测方式，从而让患者尽早回归健康。”

汪教授有话说

根霉菌1902年由埃伦布（Ehrenb）首次命名。根霉属是毛霉目下的一个属。同属于毛霉目下的真菌还有毛霉、根毛霉、小克银汉霉、横梗霉等多个属。这些菌均具有无性繁殖和有性繁殖，其中有性繁殖可以产生接合孢子，故曾被命名为接合菌。现在，由于分子分类命名法的引入，接合菌这个名字已不再使用。由于这些菌属导致的疾病临床症状和治疗方案十分相似，毛霉目下各个种属引起的疾病被统称为毛霉病。根霉菌在大自然中分布广泛，存在于如水果、蔬菜、面包、土壤和腐败的有机质中，可导致肿瘤、白血病、严重糖尿病、肾病综合征、严重外伤等免疫力低下患者的严重感染，而且病死率高达50%，临床上最常见的是鼻腔、肺部、皮肤、胃肠道等部位的感染。根霉菌在组织体内为宽大、无隔、飘带样的菌丝，而体外培养时为棉花糖样白色絮状菌落，生长迅速，显微镜下可见直立的孢囊梗和顶端黑色的包裹大量孢子的孢囊，与孢囊梗对生的假根。由于根霉菌导致的感染病情十分凶险，临床上及时诊断就显得尤为重要。目前，根霉菌的诊断方法，除了影像学外，实验室检测方法主要有组织标本直接镜检、真菌荧光检测和培养、PCR和mNGS等手段。治疗药物可采用两性霉素B及脂质体、泊沙康唑、艾莎康唑等抗真菌药物治疗，必要时还需要外科手术的及时干预。临床上，降低根霉菌感染死亡率的关键就是及时快速的诊断和正确的药物治疗。

28. 惹不起，躲得起的黄曲霉及黄曲霉毒素

这天，小燕博士收到了妈妈从老家寄来的新鲜花生，很是开心，便跑去和汪教授分享。汪教授听闻便叮嘱道："新鲜的花生一定要保存好。如果保存不当，新鲜花生很容易发霉的。误吃了发霉的花生可是有致命的风险呢！"小燕博士一脸疑惑，便问："发霉的花生为何如此危险呢？"汪教授解释说："在我们生活中，尤其是在温暖、潮湿的地方，有一种很常见的腐生真菌叫黄曲霉（*Aspergillus flavus*）。发霉的粮食、粮食制品及其他霉腐的有机物是黄曲霉最爱的天地。它生长迅速，而且可以产生淀粉酶、蛋白酶和磷酸二酯酶等，这使得它在酿造工业中也有一席之地。但人们认识它更多是通过它的产物——黄曲霉毒素。这种毒素早在 1993 年就已被 WHO 癌症研究机构划定为Ⅰ类致癌物，是一种毒性极强的物质，对人及动物肝脏具有破坏作用，容易引起中毒甚至致死。与其产生菌一样，黄曲霉毒素广泛存在于自然界中，在土壤、坚果，特别是花生和核桃中分布较多。之前有一家人食用了发霉的花生，因花生含有大量的黄曲霉毒素，9 人中毒，其中 8 人死亡，仅有 1 人经数日抢救后生还。足见该毒素有多么的凶险啊。"小燕博士听后很是吃惊："一个小小的真菌竟然如此危险！"汪教授说："其实与黄曲霉毒素相比，黄曲霉本身并没有那么可怕，毕竟只有一小部分黄曲霉才会产生黄曲霉毒素。但是

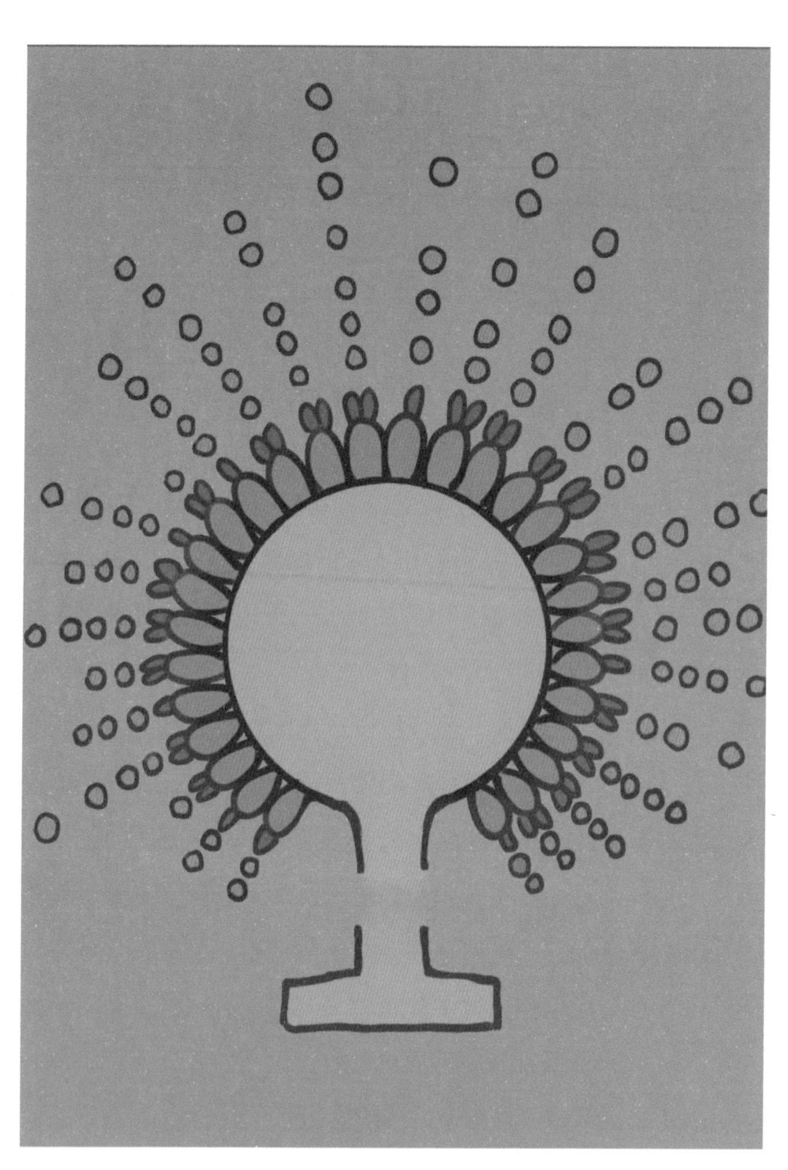

黄曲霉的镜下形态

由于该毒素具有极强的危害性，即便概率再小也不容疏忽大意。所以在日常生活中，我们需要采取适当的保存方式以防止食物被产毒霉菌污染。如若食物发霉，便不可再食用。俗话说：惹不起，咱躲得起！”小燕博士点了点头说：“预防是关键。那有没有什么好的方法可以用来检测黄曲霉及黄曲霉毒素呢？”于是汪教授便开始向小燕博士介绍有关黄曲霉及黄曲霉毒素的检测方法。

汪教授说：“黄曲霉属于真菌界曲霉属，广泛存在于世界各地，并可经空气传播。其中，30%~60% 的菌株可以产生黄曲霉毒素。黄曲霉是一种机会致病菌，其孢子散落到空气中被人经呼吸道吸入可感染人体。免疫力低下的人尤其容易受到黄曲霉感染。

“作为曲霉属家庭的一员，黄曲霉具有特殊的形态特征，而其菌落形态和镜检特征是我们鉴定黄曲霉的主要依据。从患者被感染部位取得样本，经真菌培养后我们便可以观察到结构疏松的黄曲霉菌落。其表面平坦，菌丝呈放射状向外扩展，菌落正面颜色为黄绿色，反面为无色至淡褐色。整个看上去就是黄绿色毛茸茸的一团，甚是‘可爱’。另外，在采集标本后，我们也可以涂片直接镜检或涂片经染色后再于显微镜下观察它的微观结构。这时我们就会看到每一根小茸毛顶端似乎是顶着一个膨大的黄色小球，这个便是黄曲霉的分生孢子梗和顶囊。顶囊表面布满许多圆柱状的小梗，呈放射状排列，而小梗顶端则孕育着成串的球形分生孢子。孢子成熟后从梗上脱落，随空气散布到各处。以上的分生孢子梗、顶囊、小梗和分生孢子便组成了黄曲霉的分生孢子头，而准确识别其特殊的形态、构造、大小、颜色及排列是我们鉴定黄曲霉的关键。

“基于真菌培养和形态学检查的鉴定方法缺乏特异性并且在很大程度上依

赖操作人员的工作经验，在操作人员经验不足的情况下，鉴定结果的准确性将会大大降低。而 MALDI-TOF MS 可以对真菌种类进行鉴定。这个操作简单快速，同时大大提高了鉴定结果的准确性，是目前临床上常用的微生物检测方式。

“其实，黄曲霉不同于其他菌种的特质在于其独特的遗传物质。换句话说，黄曲霉具有不同于其他菌种的 DNA 序列。所以，除了传统的常规检测方法外，我们还可以借助临床上常用的定量 PCR 对黄曲霉进行特异性检测，以早期识别黄曲霉感染，防止真菌入侵对体内组织造成不可逆的损害。除此之外，DNA 测序也可以帮助我们对其进行分子鉴定：先将其 DNA 提取出来，然后经 PCR 扩增后将扩增产物进行 DNA 测序，测序结果同数据库的物种序列进行比对，得到鉴定结果并最终确定真菌种类。这种分子检测方法不依赖菌株本身形态特点，对所有菌种均可适用，比传统的常规检测方法更加快速、准确。

“为了更进一步提高检测的特异性和灵敏度，人们在 PCR 扩增技术的基础上还开发出了很多新的检测技术，如多真菌 DNA 微阵列 [1]、两步实时 PCR 法 [2]、多通道实时荧光聚合酶链反应（Real-time-fluorescence PCR，RT-PCR）、熔解曲线分析（Melting Curve Andlysis，MCA）方法 [3] 等。另外，还有分子诊断公司开发的用于快速鉴定临床相关真菌的多种分析物特异性试剂，允许当天检测临床标本中的真菌 DNA[4]。这些新方法为临床提供了多种快速、灵敏和具有特异性的检测选择，同时也促进了早期准确的临床诊断及个性化药物治疗方案的制定。

“早期检测对于黄曲霉感染性疾病的诊断和治疗具有非常重要的临床价值，而食物中黄曲霉毒素含量的检测和把关同样也关乎着我们每个人的生命健康。因此，为确保食品安全，多种有效的检测方法如薄膜层析法、LC 法及免疫化学分析法等被广泛用于黄曲霉毒素的定量检测。”

小燕博士听后不禁感慨道：“原来有这么多检测方法为我们的生命健康保驾护航啊！”

参考文献

[1] BOCH T，REINWALD M，POSTINA P，et al. Identification of Invasive Fungal Diseases in Immunocompromised Patients by Combining an Aspergillus Specific PCR with a Multifungal DNA-Microarray from Primary Clinical Samples [J]. Mycoses，2015，58（12）：735-745.

[2] DAS P，PANDEY P，HARISHANKAR A，et al. Standardization of a Two-step Real-time Polymerase Chain Reaction Based Method for Species-specific Detection of Medically Important Aspergillus Species [J]. Indian J Med Microbiol，2017，35（3）：381-8.

[3] WEN X，CHEN Q，YIN H，et al. Rapid Identification of Clinical Common Invasive Fungi Via a Multi-channel Real-time Fluorescent Polymerase Chain Reaction Melting Curve Analysis [J]. Medicine（Baltimore），2020，99（7）：e19194.

[4] BABADY N E，MIRANDA E，GILHULEY K A. Evaluation of Lumine xTAG Fungal Analyte-specific Reagents for Rapid Identification of Clinically Relevant Fungi [J]. J Clin Microbiol，2011，49（11）：3777-3782.

汪教授有话说

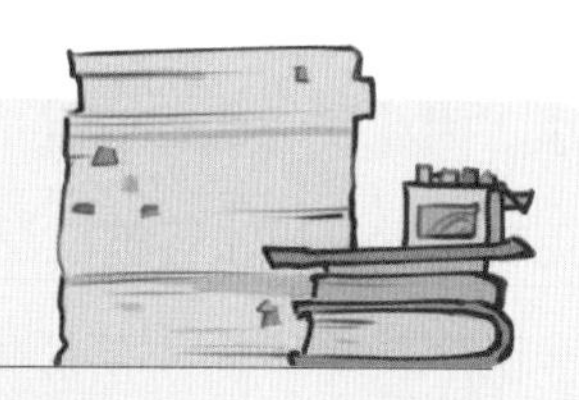

黄曲霉隶属于子囊菌门、散囊菌纲、散囊菌目、发菌科，是曲霉属众多种属中的一个种，在自然界广泛分布，可存在于土壤、空气、水、粮食、腐败的有机物及各种食品中，是人和动物的重要病原菌。它可引起免疫功能低下患者肺部或全身播散性感染，可导致角膜炎、外耳道真菌病、皮肤感染、鼻窦炎和心肌炎等。多数菌株产生黄曲霉毒素，可致肝癌、胃癌等上消化道癌症。黄曲霉在人体组织内为分枝分隔的 45° 分叉鹿角样菌丝，体外培养时生长迅速，菌落呈黄色到暗黄绿色。在镜下，可见粗糙无色分生孢子梗，球形或近球形顶囊，顶囊表面分布着放射状的单层或双层产孢瓶梗，产生大量球形到椭圆形、黄绿色的分生孢子。黄曲霉导致的侵袭性肺真菌病病情凶险，进展非常快，病死率高，所以快速诊断尤为重要。微生物实验室检测方法有标本直接荧光检查黄曲霉菌丝、抗原检测（G 和 GM 实验）、核酸检测等多种方法。黄曲霉对两性霉素 B、伏立康唑、泊沙康唑、艾莎康唑、伊曲康唑和棘白菌素类抗真菌药物表现出较好的疗效。需要一提的是，也有黄曲霉对唑类耐药的少量报道。

29. 隐匿行踪的隐球菌

周末闲暇，小燕博士邀请汪教授一同前往当地森林公园游玩。在途经鸽子屋时，他们看到一位手提红色塑料桶的喂鸽人正把大半桶金黄色的玉米粒分散倒在地下。一瞬间，成百只鸽子蜂拥而至，围着地面上的玉米粒快速地竞相啄食起来，场面颇为壮观。小燕博士感慨道："多么可爱的鸽子呀！"这番话让汪教授想到了前几天看到的一则与鸽子有关的病例，便对小燕博士说："小燕，鸽子虽可爱，但是人们接触鸽子也可能会得病的。"小燕博士不解，便问："这是为何？"汪教授随即解释道："有一种叫新型隐球菌（*Crgptocacus neofonmans*）的微生物，最喜欢隐藏在鸽子的粪便中。它们还会躲到土壤、苔藓、腐烂的有机物中。如果有人不小心被鸽子粪便感染到创口，或者将隐球菌孢子吸入肺中，隐球菌就会随着我们的血液到达全身各处组织器官，进而可能会引起相应的感染。比如说，之前有一位老人，因为骨骼处感染新型隐球菌而饱受疼痛之苦，最终不得已将关节移除。"小燕博士看到鸽子屋周边的鸽子粪便不禁惊了一下，"那我们现在在这里岂不是有被新型隐球菌感染的风险了？"汪教授笑了："那也不必过于紧张。人体正常的免疫力足以抵抗它们。日常接触其实并不会引发疾病。但对于那些具有严重基础疾病或者免疫功能异常的人（如白血病、恶性淋巴瘤、糖尿病、肝硬化、器官移植及长期

隐藏在鸽子粪便中的新生隐球菌

服用激素或免疫抑制剂的患者），感染新型隐球菌而发病的风险是比较大的。就像之前的那位老人，他本身患有慢性淋巴细胞白血病，免疫力低下而难以防御和清除新型隐球菌，才让它们有了可乘之机。”小燕博士听后顿时松了一口气，便继续追问道：“那这种微生物为何叫隐球菌呢？它们会隐身吗？”“这个问题就涉及隐球菌的检测方法啦。”随后汪教授开始细细地给小燕博士讲述起来。

“新型隐球菌属于酵母型真菌，形态为圆形或卵圆形，其外面包裹了一层厚厚的荚膜。因为一般染色法不易着色，显微镜下那圆圆的菌体像是隐藏了起来，使人难以发现，所以我们把它称为隐球菌。另外，这层厚厚的荚膜不光便于新型隐球菌的隐藏，还可以帮助它抵抗和逃脱人体免疫细胞的捕捉和追杀，使其得以在人体内存活和繁殖。”

“那我们有没有什么好的方法把它检测出来呢？”小燕博士问。

汪教授说：“针对它，人们发明了一种特殊的染色方法，叫墨汁负染色法。何谓负染色法？其实就是设法使背景着色而菌体本身（包括其荚膜）不着色，从而使荚膜在菌体周围呈现一个透明圈。当我们在呈有标本的载玻片上加入一滴墨汁之后，显微镜下那黑色的背景中就可以看到透亮的菌体及透明的宽厚荚膜。它们如夜空中的星星一般，直观又好看。

“不过如果荚膜破裂，我们便很难将其检测出来。而且，在新型隐球菌数量较少或者检验人员的识别经验不足的情况下（如将气泡或白细胞误认为隐球菌），墨汁染色的结果也会受到影响，造成假阴性或假阳性。所以我们还可以进行真菌培养，沙保弱培养基就是专门用于真菌培养的培养基。培养温度可以是室温，也可以放在37℃培养箱内。数日后如果生长出典型的新型隐球菌菌落，可取少许菌进行镜下观察，会见到圆形或卵圆形的菌体；或者通过质谱仪鉴定出新型隐球菌，就可以确诊为新型隐球菌感染了。

“可是这种需要培养的检测方法有一个缺点，就是耗时久，不便于疾病的快速诊断。目前临床上还有另外一类针对新型隐球菌上的荚膜多糖特异性抗原进行检测的方法，其中最常用的就是胶体金免疫层析法（又称‘金标法’）。在试管中将患者样本按一定比例稀释后，插入一个专门的试纸条，静待 10 分钟左右，便可通过观察试纸条上特定位置条带的有无来判断样本中是否含有新型隐球菌。整个过程操作非常简便、快速。另外，还可以采用隐球菌乳胶凝集试验，将隐球菌抗体吸附在乳胶颗粒上，当待检样本存在隐球菌荚膜多糖抗原时便会与其发生特异性的凝集反应，我们便可以直观地判断出有无新型隐球菌的感染。这类方法在早期快速诊断中跟传统培养法和镜检相比具有明显的优势，但在某些情况下也不是完全准确的，比如在其他疾病中出现的特殊物质或其他细菌也能与隐球菌抗体反应，而产生假阳性。

“为了进一步提高诊断的准确性，人们开始将分子诊断技术应用于新型隐球菌的检测中，比如数字 PCR、mNGS 等。对于一些疑难病例，传统的微生物培养法和镜检可能无法识别出任何潜在的病原体，然而 mNGS 可以通过从待检样本鉴定出与新型隐球菌相对应的 DNA 序列，以帮助临床医生明确新型隐球菌感染的诊断，从而及时对患者进行针对性的抗菌治疗。目前，mNGS 已被广泛应用于检测病原体感染。

“近年来，人们还在不断探索和开发更加高效、快速、简单的方法来应用于新型隐球菌感染性疾病的诊断。例如，RPA 结合胶体金试纸条，它可以在 20 分钟内获得检测结果，具有反应时间短、特异性高、灵敏度高等特点，是一种非常有前途的等温扩增技术[1]。另外还有一种集病原体富集、芯片内核酸提取于一体的多功能流体模块，可以降低直接处理隐球菌样本的暴露风险[2]。总之，关于新型隐球菌的检测方法一直在改进过程中，未来还需要我们不断地努力。”

听完汪教授的讲述，小燕博士又一次感受到了持续进步的科学技术给人们疾病的早期诊治带来的新希望，同时也让小燕博士更加明确了自己的临床科研道路。

参考文献

[1] WANG L，WANG Y，WANG F，et al. Development and Application of Rapid Clinical Visualization Molecular Diagnostic Technology for Cryptococcus neoformans/C. gattii Based on Recombinase Polymerase Amplification Combined With a Lateral Flow Strip [J]. Front Cell Infect Microbiol，2021，11：803798.

[2] TIAN Y，ZHANG T，GUO J，et al. A LAMP-based Microfluidic Module for Rapid Detection of Pathogen in Cryptococcal Meningitis [J]. Talanta，2022，236：122827.

汪教授有话说

隐球菌属隶属担子菌门、银耳纲、银耳目、隐球菌科。属内曾包括约 70 个种和变种，对人致病隐球菌主要为新型隐球菌和格特隐球菌。隐球菌于环境中大量存在，新型隐球菌菌株通常在鸽子、鸟类粪便中发现，格特隐球菌的环境栖息地主要是亚热带地区和温带地区的桉树。感染途径是吸入隐球菌孢子，引起一过性或严重肺部感染，后可通过血流传到大脑和脑膜、皮肤、骨关节等处。感染常见于 HIV 患者，以及如红斑狼疮、结节病、淋巴瘤、白血病等免疫低下人群中非 HIV 患者，在中国更多感染者来自无明显免疫抑制人群。新型隐球菌脑膜炎是一种严重致死性疾病（病死率为 25%~30%），特别是针对有 HIV 等基础疾病的患者病死率可高达 50%。除了病死率高以外，康复后留有后遗症的比率也相当高（40%）。隐球菌体外培养 2~5 天后形成白色至奶油色、湿润的酵母样菌落。显微镜下隐球菌孢子呈圆形或卵圆形，可出芽。隐球菌感染最常见的检验方法有：呼吸道标本、脑脊液等标本直接墨汁染色、真菌培养和隐球菌荚膜抗原试验，尤其是后者，因具有高度的敏感性和特异性，成为隐球菌感染最常用的诊断方法。临床治疗采用两性霉素 B 脂质体联合氟胞嘧啶诱导治疗，巩固期和维持期采用氟康唑，及时、规范、足量是治疗隐球菌脑膜炎的关键。

30. 肺里长了“青蛙卵”？

饭后，小燕博士和汪教授在学校的池塘边悠闲地散步。春日的阳光照射在水面，波光粼粼，时不时有小鱼探出头来。走着走着，小燕博士惊奇地发现池水里出现了一粒一粒的青蛙卵！透明的外层包裹黑色的中心。小燕博士想，用不了多久就能有小青蛙了。小燕博士把这个发现分享给汪教授。他们一起蹲在水边仔细地观察这些蛙卵。汪教授看着它们漂在水面，说：“这些蛙卵好像耶氏肺孢子菌（*Pneumocystis jirovecii*），因为很长一段时间的曾用名为卡氏肺孢子菌，这里我们就用卡氏肺孢子菌来介绍吧。”小燕博士听到后说：“卡氏肺孢子菌是什么，会感染人体吗？”汪教授回答说：“不仅会感染人体，还是个狠角色呢。”听到这儿，小燕博士便让汪教授再多讲一讲这个像青蛙卵的卡氏肺孢子菌。

于是汪教授便开始介绍起来：“卡氏肺孢子菌最开始从分类上就很特殊，人们对它到底是寄生虫还是真菌争论了上百年。很长一段时间科学家都将它归属于寄生虫，称为卡氏肺孢子虫，就是因为它有寄生虫一样的生命周期。在生命周期里，它可形成寄生虫一样的滋养体和包囊，而且对杀寄生虫的药物敏感。所以在1988年前它一直归入寄生虫，它引起的疾病也叫肺孢子虫肺炎。但是最新的研究结果显示，从基因上看它更接近于真菌，所以现在都叫卡氏肺孢子菌了。这个真菌也是一个欺软怕硬的家伙。没错，一旦它凶性大

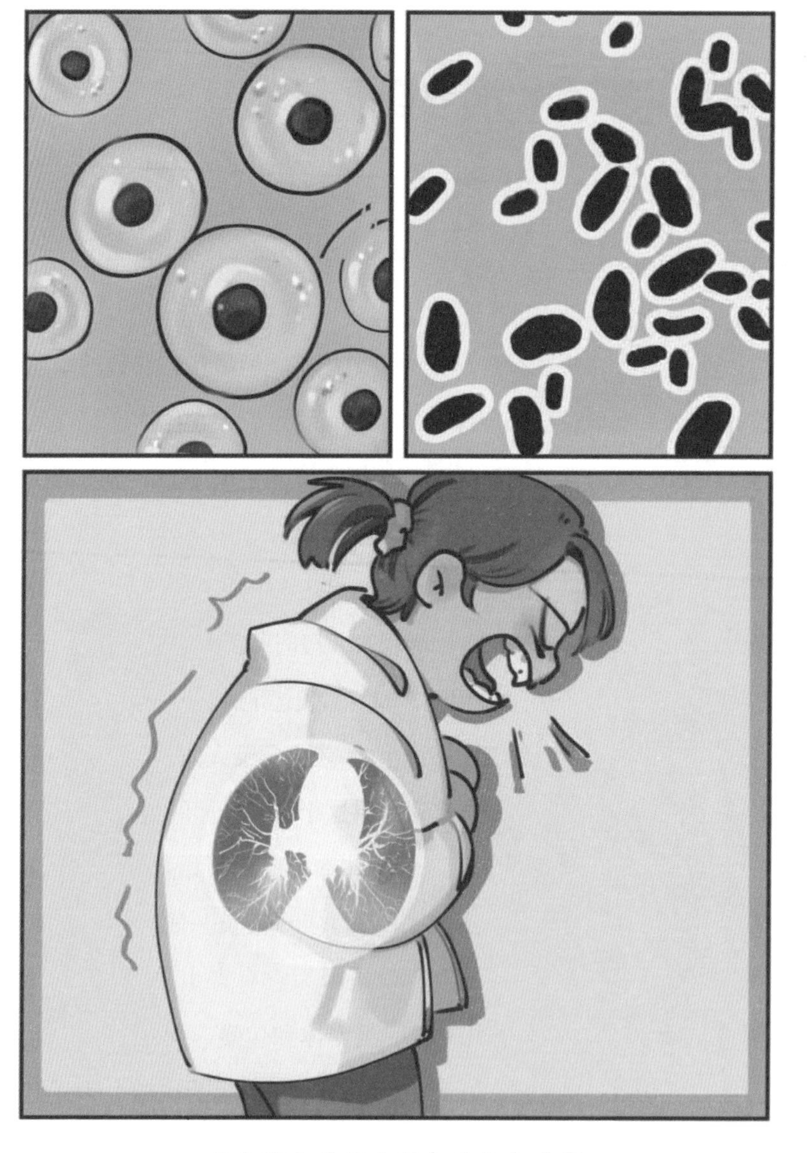

卡氏肺孢子菌的形态及肺部感染

发可是很厉害的。当它寄生在正常人身体里时，只会老老实实地待在肠道里，仿佛世间没它的存在一样。但是，如果它寄生在一个营养不良和身体虚弱的人体里，或者患有血液病、器官移植、抗癌化疗，或者是免疫缺陷病（如艾滋病）的患者身上，它就跑出来兴风作浪，并且最喜欢跑去肺部，导致患者发热、咳嗽、呼吸困难，喘不上气。如果用 CT 照，整个肺部就像毛玻璃一样，白茫茫的一片，要是不及时治疗，就会活活憋死人。”

听到这里，小燕博士说："那卡氏肺孢子菌这么吓人，我们有没有好的方法把它快点检测出来呀？"

汪教授说道："当然有啦。虽然现在卡氏肺孢子菌被归在了真菌，可是与其他真菌不同的是，它有一个臭脾气，一旦离开了人体，我们用人工的培养方法去培养它，却是不生长的。还有就是，如果我们用一般染色方法，它还染不上色呢。它能让我们找不着它。俗话说，道高一尺，魔高一丈。聪明的人类还是有办法让它现出原形的。科学家发明了一种叫六胺银染色（Periodic-acid silver methenamine，PASM）的方法，通过这种染色就可以让它现出原形。在六胺银染色下，肺孢子菌是长成这样的：黄棕色，边缘有皱褶，中间有一个棕褐色的小点。是不是像柿饼、踩扁了的乒乓球，或是青蛙的卵一样？只是这种染色方法要用到金子和银子，有点小贵。但是，只要能把它揪出来，花点钱还是值得的。"

汪教授又补充说道："近年来随着分子技术的进步，我们也发明了针对它的分子检测技术，比如可以通过 PCR 来进行分析诊断[1]。"

参考文献

[1] 田利光，艾琳，储言红．肺孢子菌动物模型的建立及病原学和分子生物学检测技术研究 [J]. 中国血吸虫病防治杂志，2015，27（2）：162-165.

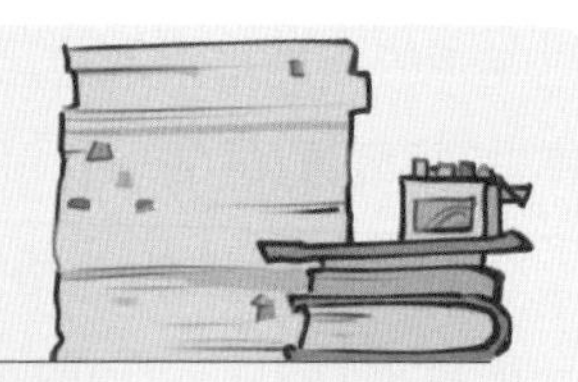

汪教授有话说

肺孢子菌隶属子囊菌门、肺孢子菌纲、肺孢子菌目、肺孢子菌科、肺孢子菌属。目前已有5种肺孢子菌已被正式命名，其中引起人体感染的为耶氏肺孢子菌（为了与感染大鼠的肺孢子菌菌种相区分，感染人类的肺孢子菌已经从卡氏肺孢子菌更名为耶氏肺孢子菌。然而“PCP”这一缩写仍用于指代“肺孢子菌肺炎”这一临床疾病；这不仅能保留临床医生所熟知的疾病缩写，还可保持较早期发表的文献中该缩写的准确性）。肺孢子菌广泛存在于自然界，动物宿主仅限于人和哺乳动物。肺孢子菌因为具有类似原虫的生活史，不能在哺乳动物体外进行培养，对大多数抗真菌药物不敏感但对抗原虫药物敏感等特点，一度被认为是一种原虫，人们一直称之为“肺孢子虫”。1910年，Carinii首次对寄生于感染路氏锥虫的大白鼠肺组织中的虫体作了基本描述。一直到1988年，16S rRNA基因分析提示肺孢子菌是一种真菌。2001年，在美国机会性原生生物国际研讨会上，寄生于人体的肺孢子菌被正式命名为耶氏肺孢子菌。本菌主要通过空气飞沫传播，常引起营养不良和身体虚弱的儿童，血液病、器官移植、抗癌化疗和先天性免疫缺陷病的患者，HIV患者的肺部感染。它还可引起肺外感染，如肝、脾、眼、肾、骨髓肾上腺和血管炎。它所引起的疾病叫耶氏肺孢子病。检测肺孢子菌常用的染色方法有六胺银染色、吉姆萨染色、免疫荧光技术等。它采用患者痰液、支气管肺泡灌洗液或肺活组织直接染色镜检。肺孢子菌的包囊呈圆形或椭圆形，内含2、4或8个囊内小体。六胺银染色囊内容物不着色，囊壁为深褐色，多呈塌陷形似空壳乒乓球样外观，囊壁上具有特征性的圆括号状结构；吉姆萨染色囊壁不着色，胞浆呈浅蓝色，核为蓝紫色；用免疫荧光染色包囊壁呈明亮蓝绿色光环。其中免疫荧光技术快速方便，灵敏度高，但存在假阳性。近年来，DNA探针、rDNA探针和PCR等技术已试用于肺孢子菌肺炎的诊断，显示出较高的敏感性和特异性，可检出10个拷贝的肺孢子菌DNA。临床治疗药物有复方新诺明、喷他脒、阿托伐醌、克林霉素联合伯氨喹等药物。

31. 蚀心噬骨的马尔尼菲篮状菌

在一个阳光明媚的周末，小燕博士与汪教授约好一起去森林里游玩。随着乘坐的车向前驶去，生机勃勃的大自然便映入眼帘。蔚蓝的天空，葳蕤的草木，叽叽喳喳的小鸟，在树木间穿梭的松鼠，无一不让人心情愉悦。小燕博士正目不转睛地欣赏窗外的美景，窗外的盎然生机仿佛给她注入了生命的能量。一只头部钝圆、体型粗壮、四肢短小的小鼠从车前经过，小燕博士感叹："这里的一切，包括小鼠都好可爱啊！"汪教授说道："这是竹鼠，虽然看起来很可爱，但寄居在它体内的马尔尼菲篮状菌（*Talaromyces marneffei*）可一点也不可爱，它对人带来的伤害可谓是蚀心噬骨！"小燕博士对此很感兴趣，忙请汪教授详细介绍。

汪教授说："马尔尼菲篮状菌一开始被归为青霉菌属，被命名为马尔尼菲青霉菌，随着对其基因组的研究，将其改为篮状菌属，并更名为马尔尼菲篮状菌。马尔尼菲篮状菌于1956年在越南的中华竹鼠体内首次被发现。在20世纪80年代，随着HIV的流行，马尔尼菲篮状菌暴发流行于东南亚及我国南方地区。马尔尼菲篮状菌病通常发生在免疫功能缺陷或者免疫功能低下的人群中，主要是HIV患者和器官移植受者。近年来，由于HIV患者的增加和免疫抑制剂的使用，马尔尼菲篮状菌病的患病率也在逐年增加，且有全球传播的趋势。马尔尼菲篮状菌病根据累及部位，可以分为局限型和散播型两种。当免疫功能正常时，患者表现为局限型，仅累及个别器官。大部分患者都是播散型，患者早期主要表现为反复发热、咳嗽、咳痰、消瘦、贫血等不典型症状，随着马尔尼菲篮状菌经淋巴或血液播散到人体内的各器官，会引起皮肤黏膜、呼吸系统、消化系统、骨关节等病变。马尔尼菲篮状菌有较高的复发率和病死率，由于马尔尼菲篮状菌病导致的皮疹很像水痘，肺部感染的影像学检查也缺乏特征性，因此误诊率也偏高。”

小燕博士感叹道："那我们可要作出准确诊断，才可以治好病呀！”

汪教授说道："是的，要对马尔尼菲篮状菌病作出准确诊断，就离不开实验室检查。我们已经知道了 HIV 患者是马尔尼菲篮状菌重要的感染人群，因此 HIV 的检查是十分重要的，若 HIV 阳性，则可以对马尔尼菲篮状菌病起到提示作用。对于马尔尼菲篮状菌的常规检测方法主要包括涂片染色和真菌培养两种。马尔尼菲篮状菌的染色方法包括 PAS 染色、瑞氏染色和六胺银染色，真菌培养一般采用沙保弱培养基。马尔尼菲篮状菌是一种双相真菌，在不同的温度下可以产生不同的形态。在 25℃下培养，菌落为多细胞菌丝相生长，呈黄绿色，且有扩散的红色色素，涂片镜下可观察到具有帚状枝及分生孢子链；在 37℃培养时呈酵母相，乳白色，不产生色素，镜下可观察到卵圆形、椭圆形酵母样孢子，孢子中间可以看见分割成像腊肠一样的细胞。从标本分离培养出双相型马尔尼菲篮状菌是马尔尼菲篮状菌病诊断的金标准。

“除了涂片观察和细菌培养外，血清学方法也在马尔尼菲篮状菌病的诊断中有重要价值。血清学方法主要是检测马尔尼菲篮状菌的甘露糖蛋白（Mp1p），通过制备相应抗体，进行抗原抗体特异性反应来检测马尔尼菲篮状菌。目前已经有基于ELISA和荧光免疫层析法等检测方法的抗原检测试剂盒。相比于分离培养，血清学方法的检测时间更短，且有较高的特异性和灵敏性。

“此外，分子生物学方法也是有效检测马尔尼菲篮状菌的方法，主要有实时荧光定量PCR和巢式PCR两种。实时荧光定量PCR设计出具有高度特异性的马尔尼菲篮状菌基因的引物和荧光标记的探针，对PCR产物进行实时监测，建立稳定、高度特异、敏感、快速的检测体系。巢式PCR通过两对引物对马尔尼菲篮状菌基因组进行扩增，是一种具有高度特异性的检测方法。

“最后，还有一种快速、准确、低廉的检测细菌和真菌的方法——MALDI-TOF MS。MALDI-TOF MS的原理是先使细菌中的分子电离，再检测不同质荷比的离子，生成蛋白质组指纹图谱。不同的菌株会有不同的图谱，我们只要把已知的菌株的图谱建成一个图谱库，将未知的菌株的图谱与图谱库进行比对，就可以达到鉴定菌株的目的。”

汪教授有话说

马尔尼菲篮状菌是一种致病性真菌，生物危害等级三级。若患者免疫功能正常，以原发部分如肺、皮肤、淋巴结的局限性感染为主；若患者为免疫低下或缺陷患者，常导致播散性全身感染，是引起 HIV 患者机会感染重要的病原菌。感染的真菌孢子在巨噬细胞内增生，主要累及网状内皮系统，引起寒战、发热、咳嗽、腹泻、白细胞增多、浅表淋巴结肿大、贫血、肝脾肿大、体重下降、皮肤脓肿等，最后可因衰竭死亡。马尔尼菲篮状菌病发病有明显区域性，主要流行于东南亚地区，我国主要流行在华南（含香港、台湾地区），但目前全国都有散发病例。马尔尼菲篮状菌为双相性真菌，在体内呈胶囊样、有中间分隔的孢子；体外培养时，37℃时为酵母样菌落，25℃培养为霉菌相，黄绿色、金黄色的菌落，有酒红色色素，镜下为双轮生帚状枝。临床以从感染组织标本查找马尔尼菲篮状菌腊肠样孢子、组织和血液中培养出马尔尼菲篮状菌，以及采用分子生物学方法如 PCR、mNGS 和抗原检测的等实验室诊断方法来确认马尔尼菲篮状菌感染。临床治疗以两性霉素 B 和伊曲康唑、伏立康唑治疗。

参考文献

[1] FANG L，LIU M，HUANG C，et al. MALDI-TOF MS-Based Clustering and Antifungal Susceptibility Tests of Talaromyces Marneffei Isolates from Fujian and Guangxi（China）. Infect Drug Resist，2022（15）：3449-3457.

[2] 贺莉雅，覃静林，符淑莹，等. 马尔尼菲篮状菌病研究现状 [J]. 皮肤科学通报，2017，34（5）：581-588+7.

[3] 李金珂，王天宇，邱涛，等. 肾移植术后马尔尼菲篮状菌感染的研究新进展 [J]. 实用器官移植电子杂志，2022，10（2）：189-192.

[4] TSANG C C，LAU S K P，WOO P C Y. Sixty Years from Segretain's Description：What Have We Learned and Should Learn About the Basic Mycology of Talaromyces Marneffei? Mycopathologia. 2019，184（6）：721-729.

[5] 柳丽娟，李圣聪，谢海花，等. ELISA 法和荧光免疫层析法检测马尔尼菲篮状菌抗原的应用价值 [J]. 临床检验杂志，2016，34（11）：831-832.

[6] 郑艳青，史娜娜，曹存巍. 实时荧光定量 PCR 检测马尔尼菲篮状菌病组织样本中菌载量的研究 [J]. 中国真菌学杂志，2018，13（2）：71-74.

[7] 云南省传染病医院，云南省艾滋病关爱中心（云南省心理卫生中心）. 一种马尔尼菲篮状菌的分子鉴定方法：CN202110133526.7 [P]. 2021-04-09.

[8] 郭鹏豪，伍众文，邱丹萍，等. MADLI-TOF MS 自建库在马尔尼菲篮状菌快速鉴定中的应用 [J]. 中国真菌学杂志，2021，16（4）：229-233.

32. 探秘洞穴里的骇人真菌

最近小燕博士迷上了看野外生存之王——贝尔的纪录片。只要一有时间，她就拿出已经下载好的系列纪录片《荒野求生》，看贝尔在野外又遇到了什么事。这天午休仍是这样。小燕博士吃着零食，看着贝尔探秘未知洞穴，看到入迷，手上的零食都忘记吃了。原来是贝尔在黑暗的洞穴中，用手电筒看到了洞穴顶部有几只蝙蝠，他小心翼翼，生怕惊动倒吊在上面的蝙蝠。汪教授推门进来，刚好看到这一幕，他看小燕博士看得入神，便没发出声音，轻手轻脚地回到座位上。贝尔在洞穴里惊险的一幕过去，小燕博士才放心地把手中的零食送到嘴里，一抬头，就看到汪教授已经“大变活人”般出现在她的对面。小燕博士吓了一跳，问汪教授：“汪教授，您什么时候过来的呀？我怎么没注意到。”汪教授笑着说：“你看得那么入迷，我都不忍心打扰你。不过话说回来，小燕，你在看什么呀？看得这么入迷。”小燕博士把手机拿给汪教授看，说：“汪教授，我最近特别迷贝尔——就是那个野外求生的贝尔。这集他去了一个未知的黑暗洞穴，里面有暗河，还有很多小动物，刚才就是他用手电筒照到了洞穴顶部倒挂着的蝙蝠，可惊险了！”汪教授看了贝尔的探险后，说：“像他这样的野外探险家是真的很厉害，野外未知的环境里，不仅有生存的问题，而且野外的某些不常见微生物也会趁机攻击人体。这些微生物平时并不会感染人体，一来是平时我们很难碰到它们，二来是当人机体免疫力强大时，很多微生物并不构成威胁。然而野外求生时，人体内外都会有一定程度的损伤，因此这种探险真的是非常危险。”小燕博士听到有很多潜在感染的微生物，便起了好奇心，继续问汪教授：“汪教授，您刚才说野外有许多平时难见到的微生物，会趁机感染人体，那像贝尔现在所处的洞穴里，都有什么呢？”汪教授说：“洞穴里最常见的就是组织胞浆菌（Histoplasma），这种真菌喜欢待在阴暗潮湿的环境和鸟类、蝙蝠的粪便中。因此像他所处的潮湿黑暗的洞穴，并且有蝙蝠生活的地方，是组织胞浆菌最喜欢的地方。在城市生活中，阴暗、潮湿的旧建筑和饲养鸟类，就是最常见的传播源头。不过这种真菌主要在美洲地区流行，我国长江流域地区偶尔也有病例，不过大多是输入性病例。组织胞浆菌如果感染正常人体，会被我们强大的免疫系统清除出去，并不会造成感染。然而当人体免疫功能受到影响，比如本身患有艾滋病、自身免疫性疾病或器官移植的患者，更容易感染，并且感染后会很严重。”

小燕博士说：“其实这种真菌并不常见，那我们要知道它是什么样的，怎么鉴定它，才能在碰到的时候做到尽早诊断呀。”汪教授说：“是的。组织胞浆菌不仅难见，而且较难诊断，因为它和其他的真菌都具有很多的相似之处。组织胞浆菌是一种二相型真菌，在25℃左右呈菌丝相，镜下观察有菌丝生成；而在体内的37℃左右是酵母相，镜下可以看到孢子。因为在人体中的组织胞浆菌，镜下形态与马尔尼菲篮状菌、利士曼原虫等非常接近，因此鉴定真菌常用的直接染色镜检并不适用于组织胞浆菌。不过微生物传统办法培养是鉴定组织胞浆菌的‘金标准’。培养组织胞浆菌步骤非常烦琐，需要先将怀疑感染的标本接种于增菌培养基中，待长出菌落后再转种于培养真菌的沙保弱培养基和脑心浸液培养基上，分别放置于25℃与37℃两个温度环境中，培养至少2周。25℃培养的组织胞浆菌菌落和霉菌类似，为白色棉花团样，镜下可见细长的菌丝与分段；37℃的组织胞浆菌菌落则和酵母菌类似，为乳酪样，镜下可见卵圆形芽生孢子。

“然而培养步骤太多、时间又长，且阳性率并不是很高，并不适用于临床诊断鉴别。因此我们可以用免疫学方法鉴定特异的抗原和抗体。比如我们可以鉴定组织胞浆菌表面特异性抗原，可以采用IIF、ELISA等多种方法。缺点是这种抗原与其他真菌的抗原具有一定相似性，会产生假阳性。而组织胞浆菌感染人体产生的特异性抗体，可在感染后4~8周被检测出来，并且可在体内存在数年，不能确定感染时间。但如果我们将抗原与抗体检测联合起来，阳性率和检出率都提高了很多。针对难鉴定的微生物，分子方法就是很方便的策略，也就是临床上会用到mNGS，通过扩增组织胞浆菌的DNA或RNA，然后进行测序，与数据库内的生物遗传物质信息做比对，就可以得到结果。相较于培养与免疫法，测序不仅快速，而且阳性率高，但它的价格也是十分昂贵，只有遇到非常紧急的情况或难确定感染微生物时才会用到[1]。”

小燕博士听完汪教授的介绍，说道：“现在我更佩服贝尔了，他不仅熟知各种生存技巧，而且有着强健的体魄，看来洞穴探险也不是每个人都能做的。”

参考文献

[1] 王牛牛，郑建铭，刘丽光．播散型组织胞浆菌病研究进展[J]. 微生物与感染，2020，15（6）：429-862.

汪教授有话说

组织胞浆菌复合群最主要的致病菌种是荚膜组织胞浆菌。该菌自然栖息地为富含鸟和蝙蝠排泄物的土壤，洞穴是重要疫源地，尤其在热带地区，在北美洲中部、中美洲和南美洲更为多见，其他流行区有非洲、澳大利亚和东亚部分地区，我国组织胞浆菌病主要集中在长江流域。该菌可通过呼吸道和皮肤接种感染，是一种单核－吞噬细胞系统细胞内感染的真菌病，可在细胞内部大量增殖，并可以通过淋巴系统或造血系统进行播散转移。该菌为生长缓慢的双相性真菌，在沙保弱培养基上 25℃培养，培养 2 周后才可见白色，后逐渐变为棕褐色，质地呈颗粒状至絮状菌落，显微镜下可见厚壁、齿轮状大分生孢子和光滑、圆形或梨形的小分生孢子。37℃培养呈奶油状，膜样皱襞菌落，显微镜下为圆形或梨形的分生孢子。由于本菌生长极其缓慢，故取患者尿液和血清作为检测样本，以组织胞浆菌多糖抗原为靶点的抗原检测是组织胞浆菌病的主要诊断方法，分子生物学方法也是组织胞浆菌病新兴的有效诊断方法。两性霉素 B 及伊曲康唑推荐用于组织胞浆菌病的治疗。

病毒篇

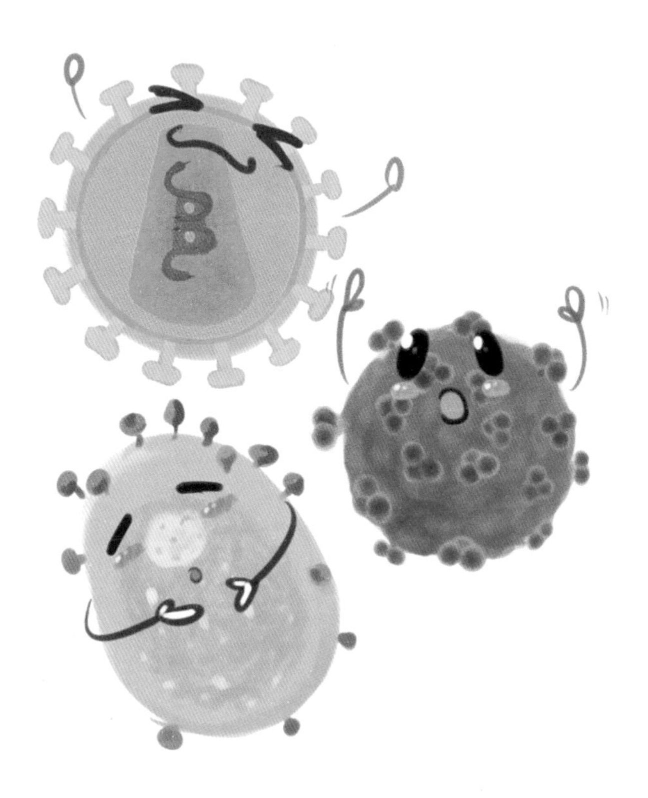

病毒体型十分微小，而且结构简单，蛋白质外壳包裹着作为遗传物质的核酸，只能在活细胞内寄生并以复制的方式增殖的非细胞生物。但病毒也有特殊的存在，我们熟知的“疯牛病”的病原体——朊病毒，是只有蛋白质组成的病毒，无核酸。从核酸结构上分类，病毒可以分为单链 RNA 病毒、双链 RNA 病毒、单链 DNA 病毒和双链 DNA 病毒四类。从病毒感染的生物分类，可以分为动物病毒、植物病毒和细菌病毒三类。

33. 草爬子叮了一下竟会得森林脑炎！

结束了一天的工作，小燕博士打开电视，开始观看期盼已久的节目。画面上播放的是一只椭圆形、赤豆状的虫子。正巧此时汪教授路过，便提醒道："小燕，你认识这个虫子吗？要是真的遇到可得小心哦，被叮了可是十分危险的！"小燕博士很惊奇："这不就是一个草爬子吗？有什么危险的？"汪教授："草爬子学名蜱虫，别看它只是一只小虫子，被叮咬后可不只是皮肤瘙痒那么简单，它有可能携带一些致病性较强的病毒——可能导致森林脑炎的森林脑炎病毒（*Forest encephalitis vireus*）。"小燕博士十分好奇，连忙请汪教授详细介绍。

汪教授道："森林脑炎病毒，又名蜱传脑炎病毒，在亚欧大陆的很多地方都有发现，我国主要见于东北及西北原始森林地区，所以林区工人感染比较多。森林脑炎病毒感染的潜伏期较长，导致的症状因人而异，早期可能出现发热、头痛、恶心、呕吐等症状。由于其症状类似流感，在感染早期经常没有引起人们的重视。然而，随着病情的发展，可能会出现一些十分严重的症状。如果病毒侵犯脊髓颈段，则会迅速出现颈部、肩部和上肢肌肉瘫痪，表现为头无力抬起、眉下垂、两手无力而摇摆等森林脑炎的特异性症状。如果病毒侵犯延髓则可出现呼吸衰竭。所以，我们可不能因为蜱虫长得小就掉以轻心！

森林脑炎病毒寄居在小松鼠身上

“如果真的被蜱虫叮了，我们怎样确定是否感染了森林脑炎病毒呢？实际上，我们现在已经有了有效的检测森林脑炎病毒的方法，比较常见的是血清学检测和分子生物学检测。感染森林脑炎病毒后，患者血清或者脑脊液会出现森林脑炎病毒的特异性 IgM 和 IgG 抗体，所以我们只要检测血清或脑脊液中的这两种抗体，就可以确定是否感染了森林脑炎病毒[1]。而我们比较常用的检测抗体的方法是 ELISA，也就是酶联免疫吸附试验，其基本原理是抗原抗体的特异性结合。除血清学方法外，分子生物学检测也是常见的检测方法[2]。森林脑炎病毒是一种 RNA 病毒，我们常采用 RT-PCR 来检测 RNA 病毒的核酸。RT-PCR 是 PCR 的衍生，它的原理是通过逆转录酶的催化，使 RNA 逆转录为互补 DNA，即 cDNA，然后对产生的 cDNA 进行扩增，也就是普通的 PCR 反应，得到扩增产物，再将扩增产物进行琼脂糖凝胶电泳，即通过电泳的条带来确定是否存在森林脑炎病毒核酸，也就可以确定是否感染森林脑炎病毒。我们刚刚讲到的 RT-PCR 只能定性检测森林脑炎病毒，经过研究人员长期的探索，实时荧光定量 PCR 可对病毒进行定量检测[3]，且可实时监测，因而常被用于森林脑炎病毒的定量分析。总的来说，血清学方法和分子生物学方法都具有高特异性和敏感性，对森林脑炎的诊断均具有重要意义。

“除了以上检测方法外，研究人员还提出了一种新的核酸等温扩增方法——聚合酶螺旋反应（Polymerase Spiral Reaction，PSR）[4]。PSR 方法采用一对引物和一种 DNA 聚合酶，在 61~65℃的恒定温度下进行扩增，得到复杂的螺旋结构。该反应可以在 1 小时内完成。PSR 特异性强，灵敏度高。相比于普通 PCR，PSR 还有很多优点。PSR 不需要进行加热和冷却改变温度来保证反应的进行，只要温度达到 61~65℃，反应就会开始，因此不需要能量密集型的热循环器；PSR 反应结束后不需要进行电泳，在反应过程中就可以在实时浊度仪中持续监测反应进程，也可以在荧光染料的辅助下目视监测；PSR 方便经济，不需要使用昂贵的设备，因此非常适用于临床筛查和诊断。

“此外，还有免疫层析法[5]、蛋白芯片[6]、基因芯片[7]等检测森林脑炎病毒的方法。它们各有优点。免疫层析法就是我们平时所说的试纸，与之前讲的 ELISA 一样，它的检测原理也是通过抗原抗体特异性结合来检测森林脑炎抗体。其优点是特异性强，稳定可靠，操作简便，无须检测仪器即可读出结果。生物芯片技术是近年来的研究热点，包括蛋白芯片、基因芯片等。由于生物芯片具有高通量的特点，蛋白芯片和基因芯片都可用于同时检测包括森林脑炎病毒在内的多种病毒。蛋白芯片基于抗原抗体的特异性结合，可以同时检测森林脑炎病毒和其他病毒，适用于森林脑炎病毒等病毒的筛查。基因芯片是基于 RT-PCR 的原理，现在已经有研究人员发明了可以同时检测一组黄病毒属病毒的基因芯片，通过设计一种可特异性识别黄病毒属病毒并开始逆转录的引物，以及相应的探针来同时检测一组黄病毒属病毒。蛋白芯片和基因芯片都具有特异性强、灵敏度高、高通量、操作高度自动化等优点。

“随着技术的发展，我们检测技术的灵敏度、特异性越来越高，操作也越来越简便。现有的检测技术已经可以对森林脑炎作出准确的诊断。最后，也是最重要的，虽然我们拥有准确的检测技术，但是预防最为重要。我们要通过接种疫苗、防止蜱虫叮咬来预防森林脑炎。”

汪教授有话说

森林脑炎，又称蜱传脑炎，是由黄病毒属中森林脑炎病毒所致的中枢神经系统急性传染病。本病最早被发现是 1934 年 5—8 月在苏联东部的一些森林地区。啮齿类动物是主要宿主，蜱虫（俗称草爬子）是传播媒介。人类被带有病毒的蜱虫叮咬而感染。森林脑炎病毒感染人体后主要引起森林脑炎，可导致严重后遗症，甚至死亡。早期诊断和治疗有助于改善症状，减少后遗症和死亡的出现。对于森林脑炎病毒的检测，实验室主要采用血清学检测方法检测血液或脑脊液中的 IgM 和 IgG 抗体。分子生物学方法如 RT-PCR 技术检测森林脑炎病毒核酸对于疾病的诊断有重要价值。此外，科研工作者在一些新技术、新方法，如免疫层析法、蛋白芯片、基因芯片、二代测序技术等在森林脑炎病毒的检测上也有一定的探索和应用。

参考文献

[1] REUSKEN C，BOONSTRA M，RUGEBREGT S，et al. An Evaluation of Serological Methods to Diagnose Tick-borne Encephalitis from Serum and Cerebrospinal Fluid [J]. Clin Virol，2019（120）：78-83.

[2] RUDENKO N，GOLOVCHENKO M，CIHLÁROVA V，et al. Tick-borne Encephalitis Virus-specific RT-PCR—a Rapid Test for Detection of The Pathogen Without Viral RNA Purification [J]. Acta Virol，2004，48（3）：167-71.

[3] 陆兴洁，王迪，王泽东，等 . 蜱传脑炎病毒（TBEV）SYBR Green Ⅱ荧光定量 PCR 检测方法的建立 [J]. 中国兽医学报，2020，40（3）：552-556.

[4] LIU W，DONG D，YANG Z，et al. Polymerase Spiral Reaction（PSR）：A Novel Isothermal Nucleic Acid Amplification Method [J]. Sci Rep，2015，29（5）：12723.

[5] 中国检验检疫科学研究院 . 森林脑炎抗体的检测试纸、试纸制备方法及其检测试剂盒：CN201410570748.5[P]. 2015-02-04.

[6] 石莹，田绿波，樊学军，等 . 5 种重要虫媒病毒液相蛋白芯片多重检测方法的建立及应用 [J]. 中国卫生检验杂志，2015，25（21）：3604-3607.

[7] 中国人民解放军军事医学科学院微生物流行病研究所 . 检测黄病毒属病毒的基因芯片探针及基因芯片检测方法：CN200910077169.6 [P]. 2010-07-21.

34. 撸猫撸狗需谨慎

午休时间，小燕博士和汪教授结伴前往医院旁边的咖啡馆买咖啡。从咖啡馆出来的时候小燕博士看着咖啡馆旁边正在晒太阳的小猫咪，忍不住伸手摸一摸。汪教授笑着道：“你可悠着点，小心把小猫咪惹毛了直接‘啊呜’咬你一口。”小燕博士哈哈大笑道：“哎，说起来最近咱医院是不是收了个疑似狂犬病的患者呀？”汪教授想了想说道：“我好像没有听说这事儿，你给我讲讲呗？”

小燕博士就把她知道的告诉了汪教授：“听说这个患者是做兽医相关工作的，已经好多天整个人都燥热得不行，还发着高热，两手有时还会抽搐，稍有一点阳光就直说眼睛睁不开，刺眼得很。现在，左半边身体已经麻木没知觉了。听说他刚进医院的时候整个人的肌肉硬得像一块大石头，整个人抽搐的频率很快，还神志不清。临床医生判断是狂犬病毒（*Rabies virus*）感染，就去询问患者的家属。从家属处得知，一年前这个患者的兽医诊所接收了一头患有狂犬病的牛。当时患者手上有伤口，一时着急没顾上，直接把手放进牛嘴里了。标本一送检，果然是狂犬病。”

汪教授听完道：“原来是这样啊……”小燕博士问：“汪教授，您能不能给我讲讲狂犬病这个病呀？”汪教授笑着道：“当然可以呀。”

汪教授开始讲起来：“在我国，狂犬病并没有想象中离我们的生活那么遥远。

感染狂犬病毒的小狗

狂犬病报告中人的死亡数字始终处于各类法定传染病报告死亡数的前三位。狂犬病会有急性的神经综合征，在发病初期会有头痛、乏力，还会控制不住流口水。你之前提到的那个患者很怕光，这也是狂犬病发病初期的常见症状，此外有些患者还有怕风、怕声的现象。狂犬病还有个别称，叫恐水病。之所以有这个别名是因为狂犬病患者怕水的症状特别突出。这个症状的具体表现是，不论是见到水、喝水，甚至是听到流水的声音，患者都会十分恐惧。所以有的时候会出现患者已经十分口渴但是却不敢去喝水，甚至有的时候护士一提到要患者喝点水，就会引起患者严重的喉咙痉挛。一般情况下，患者发病后拖不了多久就会全身麻痹，然后死亡。狂犬病的病死率可是100%呢！所以我们日常生活中撸猫撸狗的时候，如果发生了点小意外，千万不能有任何侥幸心理，一定要去打狂犬疫苗！”

小燕博士道："原来如此！经过您的讲解，我对狂犬病的了解又深入了很多。汪教授，您还方便给我讲讲狂犬病在检验方面有什么确证方法吗？”汪教授道："当然可以。”

“直接荧光抗体检测是世界动物卫生组织推荐的血清学诊断方法，也是我们平时用得最多的方法。这种方法是将样本和被异硫氰酸荧光素标记的狂犬病毒的单克隆抗体混合，反应一段时间后在显微镜下观察。这种方法不仅可以用来检测新鲜标本，还能用来检测已经经过处理或者长久保存之后的标本，甚至患者的一小块皮肤、一个小毛囊也能通过这种方法检测[1]。

“还有ELISA，这种方法不仅敏感，而且特别方便。像我们综合性医院往往患者比较多，万一一个时间段内来了很多狂犬病患者，就可以通过这种方法进行检测。这是一种应用免疫学原理进行检测的方法。你看这里就提及了免疫。所以用这种检测方法的时候还要去看看这个患者的免疫力是怎样的。将标本和特定的试剂混合反应之后，再经过一定的显色反应，通过最后反应的颜色的深浅就能判断这个标本里抗原的含量。

“一般每种特定的疾病都有它们的金标准，是临床实验室中最可靠的方法。血清中和试验就是用患者的血清来检测诊断狂犬病毒的金标准方法。通过这种方法就可以知道这个患者的血清中有没有针对狂犬病的抗体及这些患者的中和能力好不好。将患者的血清和有特定含量狂犬病毒反应一段时间，再把反应后的样本和有一定含量的那些特别容易感染病毒的细胞混合，过段时间再看，如果说有细胞感染了，那么就说明血清中没有中和抗体；相反，如果说没有细胞感染，那就说明血清有中和抗体[2]。

“上面提到的三种方法主要都是用血清去测试，直接测定血清中这个狂犬病毒到底有没有、多不多。临床实验室中针对一种病原体的检测方法往往是多样性的，只有这样才能满足不同的临床要求。我们临床实验室对狂犬病毒还有另外一类方法，就是先把患者样本的病毒提取出来再去测定。

“还有 PCR。这个我之前在给你讲别的微生物的时候，已经多次提到了。同理，它也可以应用在狂犬病毒上。这种方法不仅可以诊断狂犬病毒，还能在诊断狂犬病毒的同时检测别的病毒。这可以为急诊或者别的比较着急的患者节省很多的诊断时间。

“这类方法中，有很多检测方法正在‘冉冉升起’，如实时荧光定量 PCR 技术。相信在不久的将来，这些方法定能为我们实验室临床诊断添砖加瓦！

“检验专业不仅在狂犬病的诊断中对临床有一定的助力，还在狂犬疫苗的研制中发光发热。以前我们用的疫苗主要是神经组织疫苗，现在经过一代又一代人的努力，已经成功研制出了基因重组疫苗。这种疫苗不仅效果杠杠的，副作用还小。这可是不小的进步[3]！”

小燕博士边听边频频点头道：“又在汪教授您这儿好好学了一课。”

汪教授有话说

狂犬病毒属中的许多病原体均能导致急性致死性的病毒性脑脊髓炎。在人和动物中最常见的就是狂犬病，是一种人畜共患的疾病。狂犬病毒颗粒呈棒状，由5种结构蛋白组成，即糖蛋白、基质蛋白、核蛋白、磷酸化蛋白和大多聚酶蛋白。病毒在宿主细胞质膜上出芽，从而将自身包裹在该脂质双层包膜中。狂犬病的主要传播途径是通过患狂犬病动物的咬伤传播。发生狂犬病暴露后，要立即用肥皂水和清水冲洗伤口，然后进行合理的紧急医疗救助。针对狂犬病毒的检测方法，血清学检测方法应用最为广泛。直接荧光抗体检测是世界动物卫生组织最为推荐的血清学诊断方法，血清中和试验被推举为金标准方法。此外，分子生物学方法直接检测狂犬病毒也可有助于狂犬病的诊断。

参考文献

[1] 种世桂，赵玉敏 . 人狂犬病病例的实验室诊断技术及应用原则 [J]. 甘肃科技，2016，32（11）：146-148.

[2] 林源，谭磊，何世成，等 . 我国猪伪狂犬病病毒流行现状及实验室诊断技术进展 [J]. 养猪，2022（5）：102-105.

[3] 李蕾，陈明望，陈飞，等 . 狂犬病的流行特点及其动物疫苗研究进展 [J]. 中国动物保健，2022，24（1）：112-114，117.

35. 少女的难言之隐——竟是尖锐湿疣搗的鬼

这天午休时间，小燕博士和汪教授随意唠嗑。小燕博士问汪教授："汪教授，您家女儿约到人乳头瘤病毒（*Human papilloma virus*，HPV）疫苗没有？听说最近接种 HPV 疫苗的预约容易多了，我可得叫我妹妹再去试试。"汪教授笑着说："我女儿已经打到第三针了。这疫苗还是要打的，咱们现在正在预约的九价疫苗能预防 HPV16、18、31、33、45、52、58 高危型及 HPV6、11 低危型，有用得很。"小燕博士点点头，说道："我之前还在读研究生的时候曾经看到一个病例，说是有一个二十多岁的女子，曾经感染过艾滋病，刚开始在清洗的时候发现阴道口的地方有好几个米粒大小粉红色凸起的小包，但是别的症状也没有，身体除此之外也没有别的不舒服，就没管也没往心里去。可是没想到，这些粉红色凸起小包越长越多，到最后都长一块儿去了，7 个多月以后来医院就医时已经变成'菜花'了。一查，果然，HPV-DNA 和醋酸白试验都呈阳性，是尖锐湿疣。汪教授，您能不能给我讲讲尖锐湿疣在临床上有什么表现吗？"

汪教授喝了口水，娓娓道来："尖锐湿疣是由 HPV 感染所引起的。HPV 在自然情况下唯一的宿主就是人类，在临床上是常见的性传播疾病之一。除了性传播之外，直接接触已经感染 HPV 的人的病损部位也是可以传播的。刚刚发病的时候，一般性患者是啥感觉都没有，就算有感觉也就是有点痒或者是有点痛。HPV 主要累及的是人的皮肤和黏膜，男性的阴茎冠状沟就比较多发，女性在阴蒂、阴唇附近则比较多发。HPV 有 200 多种，根据不同的亚型，它们致病也各有不同的特点，又可以把亚型分为两类，分别是高危型和低危型。低危型主要是一些疣状增生，而且大多数都是良性的；而高危型却往往会引起非典型性的增生或一些恶性的病变，这时候就往往会带上'癌'或者'瘤'字样，还是挺严重的[1]。"

小燕博士全神贯注地听完后，接着问道："汪教授，HPV 这么常见，那么能不能麻烦您再给我讲讲临床实验室一般是怎么检验的？"

汪教授接着侃侃而谈："因为一般性 HPV 感染通过询问和查看患者曾经的病史，又或者说通过患者一些具有特征性的病征，像一些疣状颗粒或者之前咱们提到的'菜花'，都是非常明显就能让人联想到 HPV 感染。

"醋酸白试验在尖锐湿疣的初步筛查中应用广泛。临床上，在需要试验已经破损的皮肤上涂抹或者敷贴 5% 的醋酸液，如果变白了就是阳性。这种方法在筛检试验中应用良好，但是也存在一定的假阳性，需要进一步的检验。但在筛查或者流行病学调查的时候，还是很好用的。

"在显微镜下观察标本，也是很好的辅助诊断。尤其是一旦观察到了挖空细胞，就会有助于诊断。原位杂交技术是应用碱基互补配对原则定位特定的核酸序列，免疫组化是应用抗原抗体反应定位 HPV 抗原。这两种方法在定位的细胞上有所不同。原位杂交技术定位挖空细胞阳性率高，而免疫组化定位挖空细胞则要小得多。现在也有很多文献表明原位杂交技术的阳性率比免疫组化的阳性率要高，特异性和敏感性也要好一些。

"常规的 PCR 方法应用于 HPV 的检测时，假阳性较高，效果不好。但是如果我们改用荧光定量PCR——用上针对HPV特异型的引物及荧光探针，进行定量分析，整个实验都在一个封闭的小管中进行，这样就能解决在反应过程中的污染问题，这就好用了不少。但是刚刚我也说了，因为他用的是特异型的探针，所以对于没有特别探针的亚型，就很容易漏掉[2]。

“除了上述方法外，临床上基因芯片法的应用也较为广泛。在对标本进行处理后，再PCR扩增，扩增后将产物导入基因芯片，反应并显色。此时，我们就可以去观察芯片上的点，如果扩增的产物中有相应的目的基因，就是阳性，在基因芯片对应的点上就会显现出不同的颜色。一般性尖锐湿疣的亚型以6、11等低危型病毒为主，而宫颈癌的亚型以16、18等高危型为主。因此，分型在临床病毒的诊治中也有着重要作用[3]。”

小燕博士听完，道：“原来如此，今天多谢汪教授了。”

参考文献

[1] 余俐，彭杰，彭杰青，等.尖锐湿疣的原位杂交组化和免疫组化对比研究[J].中国皮肤性病学杂志，2004（4）：46-47.

[2] 麦艳媚.实时荧光PCR与基因芯片法检测人乳头瘤病毒的方法学比较[J].吉林医学，2021，42（12）：2882-2884.

[3] 赵健，廖秦平.人乳头瘤病毒核酸检测技术问题探讨[J].中国实用妇科与产科杂志，2010，26（5）：344-346.

汪教授有话说

HPV为无包膜的小DNA病毒，病毒颗粒直径约为55纳米，最早由德国学者Harald zur Hausen等人在宫颈癌患者的标本中发现，迄今为止已发现200多种型别。HPV分为5个属，即α乳头瘤病毒属、β乳头瘤病毒属、γ乳头瘤病毒属、μ乳头瘤病毒属和ν乳头瘤病毒属，大多数能引起临床症状的HPV属于α乳头瘤病毒。HPV主要经性传播、母婴传播及皮肤黏膜接触传播，能引起人类皮肤和黏膜的多种疣（包括尖锐湿疣、扁平疣、跖疣等）和肿瘤疾病（宫颈癌、外阴癌、肛门癌、阴茎癌等）。醋酸白试验常用作HPV感染的初筛和流行病学调查，而传统的实验室检查更多依赖于组织病理学检查，如免疫组化染色。分子生物学技术如斑点杂交法、原位杂交法、DNA印迹法及PCR用于HPV的检测，不仅可以明确HPV的感染，还可对病毒进行分型，具有高灵敏度、高特异性的优点，应用广泛。

36. 夺人性命的 HIV

12 月 1 日，小燕博士刚打开手机屏幕就弹出了一条消息——今天是世界艾滋病日。小燕博士打开微信，果不其然，她关注的公众号今天推送的文章就是一则关于艾滋病的病例。小燕博士在休息室里聚精会神地看起来。汪教授推门而入，看着小燕博士正十分认真地看着什么，便问道："小燕，你看啥这么专心呢？"小燕博士闻声抬头，见是汪教授，笑着说道："汪教授，我在看一个分享的病例呢，您有空的话，我给您说说？"汪教授便拉了张椅子坐下，说道："说来听听。"小燕博士便开口说道："这个病例说的是一个小男孩，他在检查前的 3 个月身体都还好得很，后来突然就得了肺炎，而且病情恶化得很快。到了医院，经过一系列的检查，发现大脑皮质已经萎缩了。对肺部进行活检后发现了卡氏肺孢子菌。一查血，发现这个男孩子血里头的 T 淋巴细胞已经减少得很多了。医生们接到这个患者后，尝试了很多方法，但是这个男孩的病情还在继续恶化，没过几个月就死亡了。后经过调查，医生们发现男孩的父亲竟然是一个吸毒者，血里头的 T 淋巴细胞也减少了很多，而且嘴里还有白色念珠菌的感染。一查，果然这个男孩的父亲患有艾滋病。汪教授，您现在不忙的话能给我讲讲艾滋病吗？"汪教授点点头说："当然可以。"

"艾滋病发病主要分为三个阶段，即急性期、无症状期和艾滋病期。急

艾滋病毒引起艾滋病

性期的患者大多数的症状是比较轻微的，一般比较常见的症状就是发热、喉咙痛。而无症状期一般都很长，有6~8年。在此期间，免疫系统会因为人类免疫缺陷病毒（*Human Immunodeficiency Virus*，HIV）数量的不断增多而出现损伤，比较明显的症状就是T淋巴细胞数目的下降。再接下来就是艾滋病期。这时候体内的病毒是最多的，全身性的淋巴结也会肿大，还会并发有肺炎反复、肺孢子菌肺炎、中枢神经病变、真菌感染等。这个男孩子和他的父亲也确实有T淋巴细胞的减少。你上面提到的症状，男孩的肺炎、卡氏肺囊虫感染，以及中枢神经的病变正与我提到的病症相符，而男孩儿父亲白色念珠菌的感染正是与真菌感染的病症相符。艾滋病的传播途径主要有性传播，还有通过血液及母婴进行传播的。这个男孩儿的父亲是吸过毒的，吸毒的过程当中可能就会共同使用针筒之类的注射毒品，男孩的父亲很有可能就是在这个过程当中感染的。”

小燕博士恍然大悟，说道：“原来如此，汪教授您能不能再给我讲讲HIV是怎么检测的呀？”

汪教授点点头，接着说道：“艾滋病检测的方法有很多，主要有三大方法，即检测抗原、检测抗体及检测核酸。

“抗体检测应用较为广泛，在临床要输血的时候进行HIV筛查及临床诊断时应用的大都是这种方法。抗体检测的筛查方法中有ELISA试验及化学发光试验。ELISA 试验，在标本当中有相应抗原的存在时，就会与试剂材料中的抗体结合，并在最后加入材料后显色，就可以看到结果，这是一种比较方便的筛查试验。化学发光试验则是有一块固相载体，另外又有被荧光标记的物质，固相载体和荧光标记的物质两者包括抗原和抗体，加入样本及发光底物之后，结果中就会有阳性和阴性之分。通过与试剂盒中结果相比对就可以知道结果了。还有一些别的快速检测试验也得到了应用。除了筛查试验还要有确证试验，其中 Western blot 就是在膜上转移不同的 HIV 蛋白，再将膜分割成条带，如果标本中有抗体就会相互反应，将结果与标准相互对照就可以进行研判了 [2]。

“抗原检测中定性检测的方法主要有 ELISA 试验、酶联荧光分析法、电化学发光法。前两种方法的原理前面我也已经说了，就不多阐述了。电化学发光法，即样品当中如果有相应抗原，就会与已经包被好抗体的磁性微粒及已经被发光剂标记的抗体放在一起反应。进行一系列操作后，如果样本中有抗原，开始发光反应后就会发光，根据发光值就可以进行结果的判读。另外，定性试验中还有中和试验可以进一步排除筛查试验当中的假阳性。而抗原检测的定量试验就是先将标准物质中的抗原稀释成一定的浓度梯度，再制作成标准曲线，当加入样本后，就可以通过和标准曲线的比对知晓标本当中抗原到底有多少了 [3]。

“HIV 核酸检测的方法对于实验室的要求相对而言是较高的，目前的应用也较为局限。这种方法主要适用于艾滋病的急性及早期感染的诊断，还可以检测疾病的发展情况及在治疗过程中可以对现阶段的治疗效果进行监测。”

小燕博士点点头：“原来是这样啊，多谢汪教授了！”

汪教授有话说

HIV 是获得性免疫缺陷综合征的病原体，是造成人类免疫系统缺陷的一种逆转录病毒，这一病毒主要攻击人体免疫系统中最重要的 $CD4^+$ T 淋巴细胞，使得人体免疫功能缺陷，抗感染和抗肿瘤能力下降，最终死于各种机会性感染和恶性肿瘤。HIV 存在两个主要的病毒种属，均为逆转录病毒科慢病毒属成员。HIV1 型是首先发现的一类病毒，在两型中传染性更强，是造成全球绝大多数 AIDS 病例感染的病原体。HIV2 型致病较弱。HIV 主要的传播途径包括性接触传播、血液传播和母婴传播。实验室对于 HIV 的检测方法大致分为三类：检测抗原、检测抗体及检测核酸。ELISA 和化学发光法检测 HIV 抗体常用于 HIV 感染的初筛，Western blot 是 HIV 感染的确证试验，病毒核酸检测也用于 HIV 感染诊断。此外，HIV 病毒载量和 $CD4^+$ T 淋巴细胞计数是判断疾病进展、临床用药、疗效和预后的重要指标。

参考文献

[1] 李太生，王福生，高福 . 中国艾滋病诊疗指南（2018 版）[J]. 中国艾滋病性病，2018，24（12）：1266-1282.

[2] 吴尊友 . 艾滋病危险行为与行为干预 [J]. 中华流行病学杂志，2001（5）：7-8.

[3] 中国疾控 . 全国艾滋病检测技术规范（2015 年修订版）[J]. 中国病毒病杂志，2016，6（6）：401-427.

37. 小蚊子里的大病毒——登革热

这天，正坐着休息的小燕博士，突然听到耳边出现了“嗡嗡”的声响。一转头，正巧看见一只蚊子在一旁兜转着飞，便连忙伸手去打。汪教授进门时看见小燕博士连着拍了蚊子好几下都没有命中的景象，哈哈笑道：“咱们的小燕博士被蚊子欺负了。”小燕博士听到声音后转头，见是汪教授，也笑着说：“可不是，而且吧，更气人的是，这蚊子来找我的时候，我正好在看一则关于登革热的病例，一转头便看到一只蚊子耀武扬威地在旁边飞，你说气人不气人。”汪教授闻言更是笑得合不拢嘴，拽了把凳子在一旁坐下后，说道：“我现在赶巧没事儿，要不小燕你给我讲讲你那个病例？”小燕博士忙点头，坐下来开始娓娓道来。

“这个病例说的是一个45岁的女性，之前身体很好，没有什么基础疾病。她去医院就诊是因为那两天走路不太稳，行动也不太灵活，还伴有急性发热。经过检查，医生发现这个患者有一系列的神经系统异常的症状。例如，这个患者有构音障碍，说话的时候发音很困难，音调和语速都表现出了异常；患者的眼球出现了水平方向的不自觉、有规律地摆动；当医生让患者在已经预先画好的两条直线之间画线，但是画出的线条却超过了原先框定的两条线，两侧都出现了辨别距离异常的现象；另外，这位患者的右侧还出现了比较严重的运动障碍。医生观察这位患者步行，发现她走路的时候，步子普遍比较

登革病毒

宽且行走的时候会出现偏向右边下降的现象，综合检查后医生确定这位患者已产生了共济失调的症状。医生让患者做了检验学检查，发现患者的登革病毒非结构蛋白抗原 IgG 和 IgM 抗体均为阳性，并提示有急性登革病毒的感染。最后这位患者发热 9 天之后才康复。汪教授，您能不能给我讲讲登革热呀？”

汪教授点点头说：“当然可以。”

“登革热曾经在 20 世纪 40 年代和 20 世纪 70—80 年代大规模流行于我国，而且传播的速度十分迅猛，发病率和病死率都较高 [1]。这种疾病的主要传播媒介是埃及伊蚊，也有部分病例的传播媒介是白纹伊蚊。如果叮咬了患有登革热或者携带有登革病毒（*Dengue virus*）的人之后，又去叮咬正常的人，那么这些人就很有可能被感染。所以，那段时间街道上防蚊灭蚊的口号可是不少的。

“登革热根据临床症状的不同可以分成两种，即非重症和重症。非重症感染者包括无症状感染者，感染者通常只会有一小段时间的流感症状，随后往往就会好转并恢复正常。非重症感染者的典型症状是发热、肌肉酸痛，头也会痛得厉害，登革病毒的不同血清型的症状往往也会各有偏重。重症感染患者，顾名思义，他们的症状肯定是比前两种要重，有出血、肚子痛、腹泻、烦躁异常等症状，还有可能会发生脑膜炎。脑膜炎的症状除了剧烈的头痛、恶心、意识障碍和颈项僵直等，还有共济失调的症状。共济失调的症状有言语障碍、辨距障碍、视觉震颤、行动障碍、书写障碍、骨骼障碍等，你提到的这个病例很多症状都与共济失调息息相关 [2]。

“登革热患者的样本常规检测结果也往往存在一些特征。血常规检测中往往有白细胞总数和血小板的减少。因患者在退热期往往有酱油样小便，尿常规检测中也会有尿血红蛋白阳性，在有的样本中还会发现管型的存在。由于登革热患者的肝脏往往会有所损害，因此对肝功能是否损害较为特异性的指标谷丙转氨酶和乳酸脱氢酶往往都会升高[3]。

“接着咱们再来讲讲登革热的检测方法。目前，针对登革病毒鉴定的‘金标准’依旧是对病毒本身进行的细胞培养和蚊虫分离。这种方法就是从因感染登革病毒而死亡的患者尸体或比较严重的出血症状的患者中将病毒分离出来，再进行检验。但由于对病毒进行直接鉴定的敏感性较低，需要的时间也较长，所以在临床上的应用是受到限制的。如果与 RT-PCR 联用，那么不仅可以提高敏感性，检测所需要的时间也会大大降低。这个 RT-PCR 中的‘RT’指的是对 RNA 进行反转录，而‘PCR’之前在讲别的微生物鉴定方法的时候已经提及。这两种方法结合起来，就是先通过反转录酶的作用，将 RNA 反转录为 cDNA，然后再以 cDNA 为模板，又加入 DNA 聚合酶，在它的作用下进行扩增并合成目的片段，这种方法的应用可广泛了。

“在 PCR 这个大家族中，除了 RT-PCR 在登革热的实验室诊断中应用广泛外，实时荧光定量 PCR 拥有着更高的特异性和敏感性。这种方法检测的是患者血液标本中的病毒核酸的含量，不用再费劲等待患者产生抗体才能进行试验，因此它比用抗体才能进行试验的方法更加迅速。而且实时荧光定量 PCR 拥有较高敏感性的特征使得它能够在患者感染的早期——病毒含量还是非常低的时候，就可以及时进行测定。所以，随着技术的发展，实时荧光定量 PCR 已经悄然‘上位’了，逐渐成为登革病毒急性感染期快速诊断的‘金标准’[4]。

“血清学方法在微生物科室中应用十分广泛，当然在登革病毒的感染中也得到了很大的应用，分别有针对抗原和抗体的检测。但是由于中和抗体和交叉反应的存在，所以应用得到了限制。在登革病毒的抗原中，较多的有 E/

M 和 NS1 抗原，通过一些临床试验和研究后已经发现，在第一次感染及已经感染过后再次发病并时间达 9 小时的患者中，这两种抗原的含量明显高于健康人群，与应用 RT-PCR 方法检测的结果进行比较后发现，数值上针对抗原的检测更高。针对抗体 IgM 和 IgG 的检测，应用的方法有 ELISA、血凝抑制试验等，它们组成了检测登革病毒的‘常规军’。而且它们有个小亮点，就是当应用血凝抑制试验进行抗体的检测时，可以分辨出这个患者是第一次感染，还是第二次感染——通过观察患者血清中抗体的滴度，可以说是十分方便的。

“目前也有一些新兴技术正在走入我们的视野，生物传感器就是其中一种。生物传感器中应用最为广泛的就是光学生物传感器——这种方法是通过目标与元件相互作用之后的吸光度、反射率等信号来进行检测的，与传统的方法比较，更加准确 [5]。”

小燕博士连连点头：“今天跟着汪教授我又学到了很多！”

参考文献

[1] 孟凤霞，王义冠，冯磊，等 . 我国登革热疫情防控与媒介伊蚊的综合治理 [C]// 2015 年中国卫生有害生物防制协会年会论文汇编，2015：58-63.

[2] 崔新国，郭晓芳，周红宁 . 我国登革热病例临床特征研究进展 [J]. 中国人兽共患病学报，2017，33（4）：366-371.

[3] 周世明，贾杰 . 登革热的多器官损害与临床表现 [J]. 中国热带医学，2003（2）：169-170.

[4] 许秀妆 . 总结分析登革热患者的临床检验结果特征及临床价值 [J]. 智慧健康，2020，6（26）：42-43，52.

[5] 鲍晓伟，黄勇，李乙江，等 . 登革热病毒的实验室诊断研究进展 [J]. 中国卫生检验杂志，2008（11）：2436-2438.

汪教授有话说

登革病毒是黄病毒科、黄病毒属的单股正链 RNA 病毒，根据病毒 E 蛋白抗原特异性差异分为 1、2、3、4 四种血清型，其中 2 型传播最广泛，各型病毒间抗原性有交叉，与乙脑病毒和西尼罗病毒也有部分抗原相同。登革病毒主要通过埃及伊蚊和白纹伊蚊传播，是全球传播最广泛的蚊媒传染病之一，可引起登革热，表现为发热、皮疹、头痛、肌肉和关节痛。临床上将登革热分为非重症和重症两种。重症登革热又称为登革出血热 / 登革休克综合征。登革热的金标准诊断方法是病毒的分离培养，但在普通实验室难以实现。临床实验室检查主要依赖分子生物学技术如 RT-PCR、实时荧光定量 PCR 等实现对登革病毒核酸的检测，该方法灵敏快速，应用最广。利用免疫学技术检测血清中的登革病毒抗原或抗病毒抗体，在登革热的常规筛查中也有一定的应用。此外，生物传感器等高新技术在登革热的检测中也有一定的探索和应用。

38. 夏天的蚊子可真吓人

转眼又到了夏天，窗外的蝉鸣聒噪不知疲倦。阳光从窗户中透进来，照到小燕博士的脸颊上。小燕博士在电脑旁放了一个小风扇，吹出来的风带走了从额头沁出的汗滴。除了小风扇，小燕博士还准备了很多“神器”，都是防蚊的，有防蚊手环、花露水、电蚊拍、驱蚊液。一到夏天小燕博士就把这些“驱蚊神器”都拿出来。汪教授说：“小燕，你这么害怕蚊子吗？”小燕博士解释说:“汪教授，因为我是过敏体质，有时候蚊子咬一口，肿的包大得可怕，还很痒，而且之前还起过荨麻疹，所以每到夏天我都要格外小心。”汪教授说：“原来是这样。夏天有的蚊子确实会携带大量病原体。如果在叮咬过程中，再不慎感染了病原体，就更难受了。”小燕博士说：“是呀，蚊子作为重要的虫媒，会传播好多病原体呢！”汪教授听到这儿，就想考一考小燕博士，于是说道：“小燕，那你知道我们常见的哪些病原体是蚊子传播的吗？”小燕博士说：“这个可难不住我，蚊子作为媒介，可以传播疟原虫，让被叮咬的人感染上疟疾；也可以传播登革病毒，我知道学校里每年夏天都会组织灭蚊行动，让大家及时清理残水，就是为了预防登革热的流行；还有黄热病也是蚊子传播的。”汪教授点了点头说道：“没错，这些感染性疾病都是以蚊子作为媒介的，还有一个病毒也是蚊子传播的，也需要引起我们的重视。”小燕博

蚊虫传播的乙型脑炎病毒

士问道："汪教授，那是什么病毒呀？您能给我简单介绍一下吗？"

汪教授向小燕博士介绍道："这种病毒是乙型脑炎病毒（*Epidemic type B encephalitis virus*）。由于它是以蚊子作为媒介传播，因而夏季多发。之前我看过一个病例，一个农妇在没有诱因的情况下出现持续多天的发热，而且是高热，全身乏力、咳嗽咳痰。而且入院之后出现谵妄，病情十分危急。后来医生做了一个乙型脑炎病毒特异性抗体检查，检查结果是阳性，于是确定了病因，并采取了相应治疗。后来根据患者的自述，她家屋子有许多阴暗积水的地方，而且长时间未清理，所以很有可能是蚊子在这些积水处产卵，然后叮咬她导致感染乙型脑炎病毒的。"

小燕博士说："原来是这样，这么说乙型脑炎病毒其实还是比较难发现病因的。不过刚才您说可以做病毒的特异性抗体检测来检查是否有乙型脑炎病毒的感染，那您能再给我介绍其他的检测乙型脑炎病毒的方法吗？"

汪教授说："可以呀。乙型脑炎病毒作为病毒的一种，是不能够在体外进行培养的，因此临床上常用的方法就是刚才提到的特异性抗体检测。这种抗体检测采用的是胶体金的方法，简单快速，可以及时给临床提供结果。但它的弊端就是需要病毒感染后出现抗体，而且抗体的量要达到一定程度才可以被检测出来，因此病毒感染的窗口期是不能够检测出来的。同时，胶体金方法本身也有一定的局限性，它的检测需要抗体的量不能够太多，也不能太少，因为太多太少都会导致'钩状效应'的出现，这种效应就是因为在检测中抗原抗体的比例不合适造成的假阴性现象。检测特异性抗体除了胶体金外，还可以用ELISA的方法。这种方法也是利用抗原抗体相结合，然后用发光基团进行二次结合检测的方法。ELISA方法比胶体金法操作更复杂，但结果更为准确，而且可以避免'钩状效应'的产生，是一种很好的检测方法，临床上也较为常用。免疫法中还有微量荧光免疫法，它是用荧光素标记抗原，该抗原可以与抗体 IgM 结合，然后检测荧光强度来确定抗体的量。这种方法一般都是用免疫分析仪来进行自动操作，相比 ELISA 方法节省了人力，而且检测时间也缩短了许多。

“刚才说的都是通过免疫学的方法来鉴定乙型脑炎病毒的方法，我们还可以利用分子生物学的方法，也就是 PCR 的方法。临床上最常见的就是通过扩增病毒序列，然后测量其丰度，判断病毒的载量。这种方法的原理与我们现在熟知的检测新冠病毒核酸的方法是一样的。还有一种方法是进行 mNGS 检测，也就是宏基因组测序的方法。将标本里的核酸都进行统一扩增，然后与数据库内的信息进行比对，得到不同微生物的名称与含量，再由专业的审核人员进行审核。这种方法比普通 PCR 扩增法更为精准，但花费的金钱和时间要更多，因此不作为临床常规的检测项目。

“那么病毒作为只能体内培养的微生物，鸡胚、小鼠培养也是可以进行的。我们可以将处理后的标本注射到小鼠内，让其大量复制。然后取小鼠的脑干进行组织切片染色，用特殊的染色剂让病毒在切片中容易被观察到，我们就可以确定是否有病毒感染[1]。然而这种方法耗时耗力，也需要操作人员有一定的技术水平，因此只作为科研的方法，并不是临床检测方法。”

小燕博士了解了蚊子传播的乙型脑炎病毒的危险与检测方法，非常开心。她对汪教授说：“汪教授，那我们今年一起做防蚊知识宣传吧，让学校里的同学们也都了解乙型脑炎病毒。”汪教授说：“当然好呀，让我们一起搞起来。”

参考文献

[1] 刘姗 . 蝙蝠乙脑病毒株的分离、鉴定及基因序列分析 [D]. 广州：南方医科大学，2012.

汪教授有话说

乙型脑炎病毒，又称乙脑病毒、日本脑炎病毒，是流行性乙型脑炎的病原体，隶属于病毒界、黄病毒科、黄病毒属，是一种单链 RNA 球状病毒，外层具包膜，包膜表面有血凝素。1935 年，日本学者首先从脑炎死亡患者的脑组织中分离到该病毒，故又称日本脑炎病毒。1950 年以来，国内学者基于大量研究的基础上将其定名为乙型脑炎病毒。乙型脑炎病毒具有很强的传染性。在我国，三带喙库蚊是主要的传播媒介，猪是主要的中间宿主和传染源，蚊子叮咬携带病毒的动物后再叮咬人群，从而将病毒传播给人体。流行性乙型脑炎最典型的症状是高热、神志不清、抽搐、神经系统损伤，病死率高。检测乙型脑炎病毒感染的“金标准”方法是病原学检查，病毒的分离培养不适用于普通实验室，PCR 法直接检测标本中的病毒核酸具有灵敏、准确、快速的优点，应用较为广泛。免疫学方法如 ELISA、血凝抑制试验等检测组织、血液、脑脊液等标本中的病毒抗原或抗病毒抗体，操作简便，其中特异性 IgM 抗体的检测可用于乙型脑炎病毒感染的辅助诊断。近年来，应用 mNGS 对血液、脑脊液等标本进行乙型脑炎病毒的检测，助力流行性乙型脑炎的诊断，为救治患者争取更多的黄金时间。

寄生虫篇

寄生虫指具有致病性的低等真核生物，它可作为病原体，也可作为媒介传播相关疾病。寄生虫感染后有可能改变寄主的行为，从而让自身得到更好的繁殖生存环境。比如弓形虫如果寄生在人类大脑，人的反应能力就会降低。寄生虫按生物种类分类，可以分为原生生物、无脊椎动物、脊椎动物三类。如果按照寄生方式则又可以分为专性寄生虫、兼性寄生虫、偶然寄生虫、长期性寄生虫、机会致病寄生虫及体内和体外寄生虫六类。

39. 大脑里的虫

这天，小燕博士看到新闻上说有个 11 岁的小女孩因为饮用了病猪污染过的水源导致脑积水，女孩表现出视力模糊、头痛、呕吐等症状，头颅 MRI 检查出脑囊虫。治疗后虽然病症有所缓解，但是仍然有部分视神经萎缩[1]。看到这些，小燕不禁疑惑：“这个脑囊虫是个什么生物呀，有这么可怕吗？”

汪教授恰好也有所耳闻，跟小燕博士解释道：“这个脑囊虫病实际上是由猪囊尾蚴寄生于脑内引起的一种疾病。经由各种途径进入到胃的绦虫卵在十二指肠中孵化成囊尾蚴，然后钻入肠壁经肠膜静脉进入体循环和脉络膜，进而进入脑实质、蛛网膜下腔和脑室系统，引起各种损害[2]。这种病的患者非常痛苦，后遗症也非常大，脑组织和大脑中枢严重损伤，浑身无力且头痛，肢体运动功能也受到影响。最严重的是继发癫痫，视力模糊不清甚至失明。

“诊断是否感染脑囊虫有下面两个依据：一是询问患者是否有便绦虫史和食米猪肉史，以及是否具有神经系统症状和体征。二是各种实验室检查。其中，脑脊液生化指标是一种临床常用的辅助诊断脑囊虫病的指标。有大量研究表明，脑囊虫病患者脑脊液中的谷草氨转氨酶、谷丙转氨酶、碱性磷酸酶、谷氨酰转移酶、血清总蛋白、乳酸脱氢酶和 Ca^{2+} 水平等均会异常升高。其原

绦虫引起的神经囊虫病

因在于，囊尾蚴寄生于脑组织中引起细胞坏死，胞内的 AST 会被释放出来进入脑脊液中，从而引起脑脊液中的 AST 水平增高；囊尾蚴寄生于脑组织中时释放出的异体蛋白可以引起炎症反应，诱导组织大量释放 ALP（一种存在于脑组织神经细胞中的溶酶体酶）参与反应，导致 ALP 水平增高；同时囊尾蚴寄生导致免疫功能紊乱引起细胞因子比例失调，等等 [3]。此外，脑脊液的细胞学检查可见嗜酸性粒细胞的百分率显著增高，最高时可达 80%~90%。其他还可见颅内压增高，蛋白质及其他白细胞增加等。

“近年来 CT 和 MRI 技术利用其高分辨率及可以多方位成像等优势，在脑囊虫病的检测中获得了大量肯定。更有报道 [4] 称，CT 和 MRI 的诊断率分别为 82.9% 和 100%。CT，即电子计算机断层扫描，是利用人体不同组织对 X 射线的吸收与透过率不同的原理成像。利用精确准直的 X 射线、γ 射线、超声波等，与灵敏度极高的探测器一同围绕人体的某一部位做一个接一个的断面扫描，具有扫描时间快、图像清晰等特点，可用于多种疾病的检查 [10]。MRI，即磁共振成像，是利用磁共振原理，依据所释放的能量在物质内部不同结构环境中不同地衰减，通过外加梯度磁场检测所发射出的电磁波，即可得知构成这一物体原子核的位置和种类，据此可以绘制成物体内部的结构图像，并将此技术用于人体内部结构成像。相比之下，MRI 成像参数多、图像无骨质伪影，更能清楚地展示囊虫的数目、结构、大小、部位及特定部位的炎性改变特征，对一些 CT 不能很好成像的部位如蛛网膜下腔等也能很好地显示。因此当 CT 不能确诊脑囊虫时，进行 MRI 成像是很好的选择 [5]。

“免疫学诊断在脑囊虫病鉴别诊断及疗效判断方面弥补了影像学诊断、流行病学、病原学的不足，为脑囊虫病的诊断与治疗提供了另一种科学工具。囊虫循环抗原（CAg）是囊虫的排泄物或脱落物，存在于感染者体内各种组织中，检出时间比较早。随着虫体死亡，CAg会逐渐减少或消失。检测CAg不仅可以用于诊断，还可以用于疗效考核[6][7]。常用的免疫学检测方法有IHA和ELISA等。IHA就是将抗原或抗体先吸附于红细胞上，再来检测样品中的抗体或抗原的方法。温桂芝[8]等报道，应用IHA，通过猪囊尾蚴液致敏羊红细胞，检测囊虫病患者血清中抗囊虫抗体，阳性率为94%。在目前囊虫病免疫诊断方法中，ELISA是应用最为广泛的一种方法。Dorny等[9]从体外培养的猪肉绦虫分泌物或排泄物中分离得到抗原TSES片段，用其作为抗原以ELISA法检测囊虫病患者血清，敏感性达到95%，特异性达到100%。

“在日常生活中我们可不能轻视这种疾病的风险哦。专家建议，饭前便后勤洗手，不吃病死的动物，有不舒服的症状及时就医，就可以达到很好的预防效果。”

汪教授有话说

引起人体肠道感染的绦虫主要包括猪带绦虫、牛带绦虫和亚洲带绦虫三种，其中尤以猪带绦虫引起的绦虫病最为严重。人类因个人卫生欠佳（通过粪－口途径）食入虫卵，摄入未煮熟的受感染猪肉或牛肉中的寄生包囊（囊尾蚴）而感染，摄入的绦虫卵可在人体的不同器官发育成幼虫（囊尾蚴）。绦虫的幼虫可在肌肉、皮肤、眼睛等器官内发育，早期表现为皮下结节、腹痛、恶心、腹泻或便秘等症状。当其侵入中枢神经系统在大脑中发育时就会引起神经症状（神经囊虫病）。症状包括剧烈头痛、失明、抽搐和癫痫发作并可能致命。人类绦虫携带者在其粪便中排泄绦虫卵，如果露天排便，则会污染环境。据世界卫生组织2015年统计，神经囊虫病（包括有症状和无症状）患者的总人数介于256万至830万，其中80%以上生活在低收入和中等偏下收入国家。绦虫病的诊断以粪检见有排出绦虫节片为主要依据。活体组织检查出囊尾蚴可确诊。免疫学检查包括脑脊液的囊虫补体结合试验、IHA、囊虫抗体的ELISA等方法。治疗猪带绦虫引起的绦虫病对于预防神经囊虫病很重要。治疗绦虫病可采用单剂量吡喹酮或氯硝柳胺、阿苯达唑等药物。同时，可以使用皮质类固醇或抗癫痫药物进行辅助治疗，还可采用手术治疗。为预防、控制并可能最终消除猪带绦虫，需要采取包括兽医、人类健康和环境部门携手的公共卫生措施：一是治疗人类绦虫病；二是对猪进行接种疫苗和驱虫治疗，猪圈养猪，猪圈远离厕所；三是加强社区健康教育，包括个人卫生和食品安全，禁止出售含有囊尾蚴的猪肉和牛肉，改善环境卫生，结束露天排便；改变生吃猪肉牛肉的习惯，所用菜刀、菜板生熟分开。

参考文献

[1] TASKER W G，PLOTKIN S A. Cerebral Cysticercosis [J]. Pediatrics，1979，63（5）：761-763.

[2] 贾建平，陈生弟 . 神经病学 [M]. 北京 ：人民卫生出版社，2018.

[3] 吕荣敏 . 脑脊液生化指标检测对 80 例脑囊虫病患者的诊断分析 [J]. 检验医学与临床，2014（12）：1665-1666，1668.

[4] 杨廷舰，江东海 . 脑囊虫病的 CT 和 MRI 诊断价值与临床研究 [J]. 中国医学影像技术，2008，24（2）：51-53.

[5] 高俊，杜宏利，荣阳 . 脑囊虫病 CT、MR I 检查的诊断价值与影像学研究 [J]. 影像与介入 ：2011（12）：86，89.

[6] 杨艳君，吴晓燕，等 . 四种免疫学检查在脑囊虫病诊断和治疗中的应用 [J]. 中国热带医学，2008（7）：1088-1090.

[7] 张良杰，赵守松 . 囊虫病的免疫学特点及免疫学诊断技术进展 [J]. 中国病原生物学杂志，2013（3）：274-277.

[8] 温桂芝，赫贵生．间接血凝试验在脑囊虫病免疫学诊断中的应用 [J]．佳木斯医学院学报，1991，14（4）：286-7.

[9] DORNY P，BRANDT J，ZOLI A，et al. Immunodiagnostic Tools for Human and Porcine Cysticercosis [J]. Acta Trop，2002，87（1）：79-86.

[10] 崔宝成．浅析医学影像技术学 -CT [J]. 世界最新医学信息文摘，2015，15（72）：111-112.

[11] 生物化学名词 . 生物物理学名词 [M]. 北京 ：科学出版社，1990.

40.“大象腿”到底是谁在作怪——丝虫病

下班了，汪教授和小燕博士准备一起坐地铁回家。在等地铁的时候，小燕博士一抬头发现地铁站的大屏幕上正在播放《动物世界》，此时正在讲解大象的情感世界。看到大象，小燕博士就不由自主地联想到临床的一种病征——象皮肿，这种病征是由丝虫引起的。巧的是之前小燕博士在分享病例的公众号上看到过一则关于丝虫（Filaria）的病例，就对汪教授说：“汪教授，我之前看到过一个病例，是关于丝虫病的。这个男性患者还不到 30 岁，去看病的时候说自己的右腿肿胀，难受得很，但是不痒，只是痛，这个痛还延伸到了大腿皱褶处。在皮肤科检查后，右边的下肢有水肿、色素沉积及纤维化。血液中也发现了微丝蚴。进一步检查后发现，右下肢的血管中的血液流动是正常的，但是淋巴管的血液流动是异常的，出现了腘窝区向远端区域淋巴水肿。汪教授，您现在有空的话能给我讲讲这个病例吗？”

汪教授笑着道：“当然可以。首先，丝虫的幼虫叫微丝蚴，在感染丝虫后，有一些患者的血液中会出现一定数量的微丝蚴，而且这个数量一般都是比较稳定的，患者被称为带虫者。很多带虫者是没有别的临床症状的，而且能坚持十年多看不出来。但是如果再做个淋巴管造影就会发现，其实淋巴管已经扩张得很明显了。淋巴管和淋巴结的病变就是丝虫病的又一大临床症状。淋

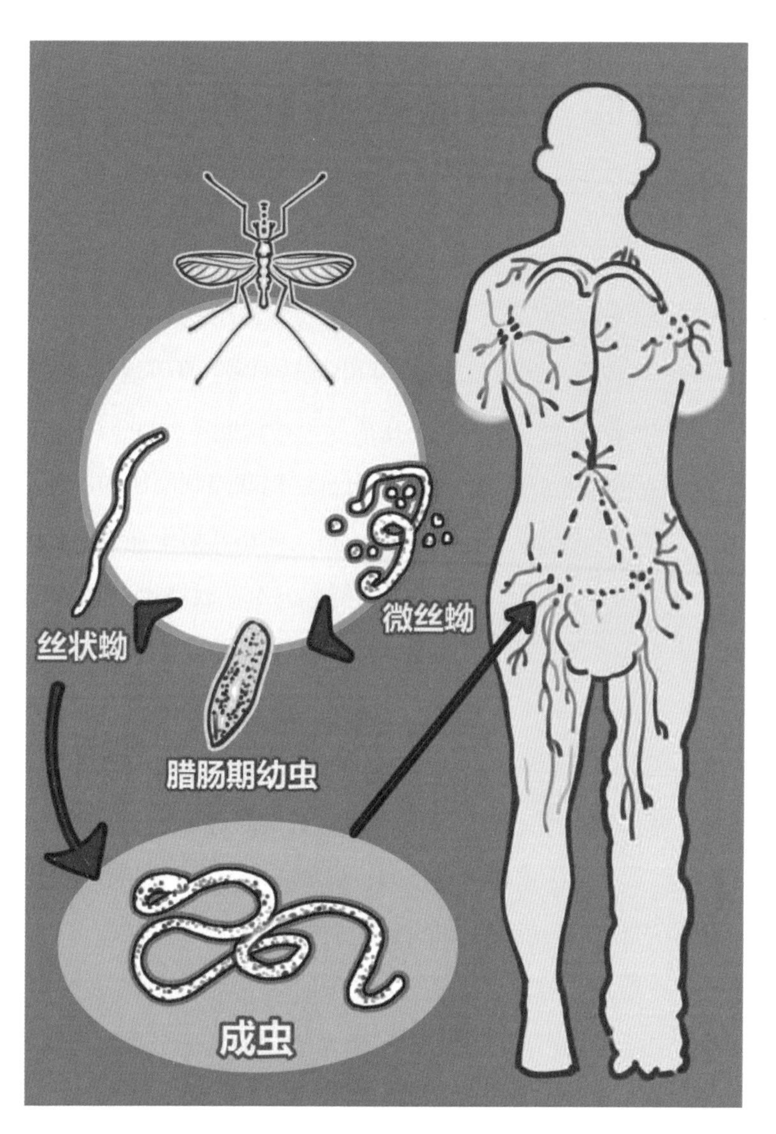

丝虫的一生（传播者为蚊，侵袭人的血液及淋巴）

巴管和淋巴结与免疫有关，对于活的丝虫或死的丝虫，患者往往会对其产生免疫反应，这就会造成淋巴管炎或淋巴结炎的发生，而且经常是反反复复的。提到免疫反应，在成虫死亡后所引发的剧烈免疫反应还会引起大量嗜酸性细胞的聚集。在丝虫病发生较早的时候，会出现淋巴液肿，逐渐发展，就会变成象皮肿，这就是丝虫病的另一大临床症状，也是在丝虫病晚期最常见的症状。所谓象皮肿，就是淋巴液积在皮下组织，引起纤维组织增生、脂肪变硬，皮肤也是又糙又硬，颜色像象皮一样，而这时候的淋巴管已经不只是扩张了，而是弯弯绕绕的，最终导致淋巴液的堵塞。随着病情的发展，在免疫应答的推波助澜之下，会引起淋巴管被扩张，淋巴管的瓣膜会被破坏，淋巴液就会进入肾盂淋巴管，出现乳糜尿。男性患者还会出现睾丸鞘膜积液。

"这个病例中的患者就是一名带虫者，血液检查中发现了微丝蚴，右下肢也出现了淋巴水肿，还出现了纤维组织的增生，这与之前我提到的象皮肿就相互对应了。男性患者的大腿皱褶处疼痛也可能与睾丸鞘膜积液有关。"

小燕博士连连点头，说道："原来如此，听汪教授的讲解我对丝虫的了解又多了一分。汪教授能不能请您再给我讲解下丝虫在临床上是如何进行诊断的呢？"

汪教授接着说："一般性丝虫感染我们可以通过临床症状进行判断，像晚期的象皮肿这种具有特征性的表现，在很大程度上可以帮助临床作出诊断。另外，淋巴结和淋巴管的肿大及睾丸腱鞘积液也是具有特征性的表现。

"除了通过这些临床肉眼可见的病征外，还有咱们检验科的一些实验也可以协助医生进行诊断。

"首先，我们可以用血液进行检验。对于丝虫病的检验有一些特殊的方法，如厚涂法、浓集法、枸橼酸乙胺嗪白天诱出法、微孔膜过滤法。厚涂法染色后镜检的检出率较好，而浓集法则更易检出，尤其是血液当中微丝蚴较少的时候，在普查中得到了广泛应用。枸橼酸乙胺嗪白天诱出法是指让患者在白天口服少量的枸橼酸乙胺嗪，从而可以在白天检查具有夜现周期性的微丝蚴。但是由于这种方法需要服用药物而且检出率低，所以应用也受到了限制。微孔膜过滤法也可以在一定程度上提高检出率。有研究表明，微孔膜过滤法的检出率比厚涂法检出率更高。另外，临床上常常进行的血常规检验也可以助力丝虫病的诊断，丝虫病患者白细胞和嗜酸性粒细胞数目往往升高的程度较大，有些患者还会伴有贫血[1]。

“直接诊断查虫体，是指对于那些淋巴系统正在发作的患者及在治完以后出现了淋巴结节的患者，可以用注射器在结节的地方扎入、抽出，或者是直接把这个淋巴结或者淋巴结节切下来，进行标本前后镜检，看看到底是不是丝虫在作怪。另外，如果在血液、尿液中查出也可以确诊[2]。

“在咱们的检验中，免疫学原理应用可是非常广泛的。皮内试验是指通过在皮下注射相应抗原后，通过观察患者的这一小块皮肤是否有反应，即看这个患者是否对相应抗原产生了变态反应。这种方法在流行病学检查上的应用是非常广泛的，但是在诊断上仍然缺乏准确性。免疫诊断可以分别通过检测抗原和抗体来检测患者是否患有相应疾病。检测抗原的方法有很多，如 ELISA 等；检测抗体的话就可以通过制备抗丝虫抗原的单克隆抗体来进行检测。但是，在丝虫病的诊断上免疫学方法只能作为辅助[3]。”

小燕博士全神贯注听完后，不禁称赞道：“汪教授，您的学识太渊博了。今天我又学到了好多知识，看来我还有很多地方需要学习呢。哎，刚好地铁也到了，汪教授咱们上车吧。”

汪教授有话说

丝虫是由吸血的节肢动物传播的一类线虫，成虫呈乳白色，细长如丝线，体长不到 1 厘米，可寄生于人体的淋巴系统、皮下组织、腹腔、胸腔等处。目前已知寄生在人体的丝虫共 8 种，但在我国流行的只有班氏丝虫和马来丝虫两种，前者主要由库蚊传播，后者由中华按蚊传播。两种丝虫引起丝虫病的临床表现很相似，急性期为反复发作的淋巴管炎、淋巴结炎和发热；慢性期为淋巴水肿和象皮肿，严重危害流行区居民的健康和经济发展。根据世界卫生组织 2001 年报告，全世界感染丝虫的患者约有 1.2 亿人，其中约 4000 万人致残。1/3 感染者在印度，其余分布在非洲、东南亚、太平洋和美洲地区。我国曾经是世界上丝虫病流行最为严重的国家之一，20 世纪 50 年代，我国丝虫病患者有 3099.4 万人。经过半个多世纪艰苦的奋斗，到 2007 年，经世界卫生组织审核认可，中国在全球 83 个丝虫病流行国家和地区中率先消除丝虫病，是全球消除丝虫病进程中的里程碑。诊断方式包括微生物诊断和免疫诊断。微生物诊断包括从外周血液、乳糜尿、抽出液中查微丝蚴和成虫，由于微丝蚴具有夜现周期性，取血时间以 21 时至次晨 2 时为宜，采用厚血膜法、新鲜血滴法、浓集法、枸橼酸乙胺嗪白天诱出法，体液和尿液检查微丝蚴、病理切片检查。免疫诊断可检测血清中的丝虫抗体和抗原。治疗药物主要是枸橼酸乙胺嗪，对象皮肿患者除给予枸橼酸乙胺嗪杀虫外，还可结合中医中药及桑叶注射液加绑扎疗法或烘绑疗法治疗。必要时可采用外科手术治疗。丝虫病预防，一是要早发现和早治疗现症患者和带虫者，二是加强防蚊灭蚊。

参考文献

[1] 王仁辉，徐志伟，柳建发 . 丝虫病的致病机制研究进展 [J]. 地方病通报，2007（2）：68-69.

[2] 欧作炎 . 血检微丝蚴诊断丝虫病的研究 [J]. 新医学，1980（2）：103-105.

[3] 俞渊 . 微丝蚴血症诊断方法的评价 [J]. 国外医学参考资料（寄生虫病分册），1974（4）：176.

41. 小小钉螺，大大伤害

小燕博士今天百无聊赖，一手托着下巴，一手拿着手机不停地刷。精力满满的汪教授见状，不由得问："小燕啊，今天实验都做完啦？怎么看着这么清闲呢？来，我转发一条微博给你看看。"小燕博士一边打着哈欠，一边揉着眼睛回答道："嗯？什么微博？哇，现在怎么还有人在池塘里游泳啊？这多危险啊！溺水了可怎么办！咦？这个人还感染了血吸虫病？"话音未落，汪教授无奈地摇了摇头说："是啊，就是这个曾是我国'五大寄生虫病'之一的血吸虫病。之前啊，我还看到过一个病例，到现在我都记忆犹新。这个患者是一位生活在洞庭湖周边的36岁的男性，他因为双腿疼痛、无力和麻木，并且随后出现了进行性肠和膀胱功能障碍3个月而入院。他入院后出现了发热、头痛、全身酸痛的症状，实验室检查中发现他的中性粒细胞大幅度降低，只有11%。这个中性粒细胞数很明显是出现了问题，后来还做了骨髓穿刺，骨髓穿刺的结果和预想的也大差不差，提示他患有嗜酸性粒细胞增多症。嗜酸性粒细胞增多症，在临床上与寄生虫感染有着很大关系。这个患者又生活在血吸虫病流行的洞庭湖周边，临床医生自然就往这方面考虑了。经过实验室检查后果然确诊为血吸虫病。那么小燕，你知道他为什么得这个病吗？"小燕博士这时候有些明白了，"他生活在洞庭湖周边，那里是我国血吸虫病的流

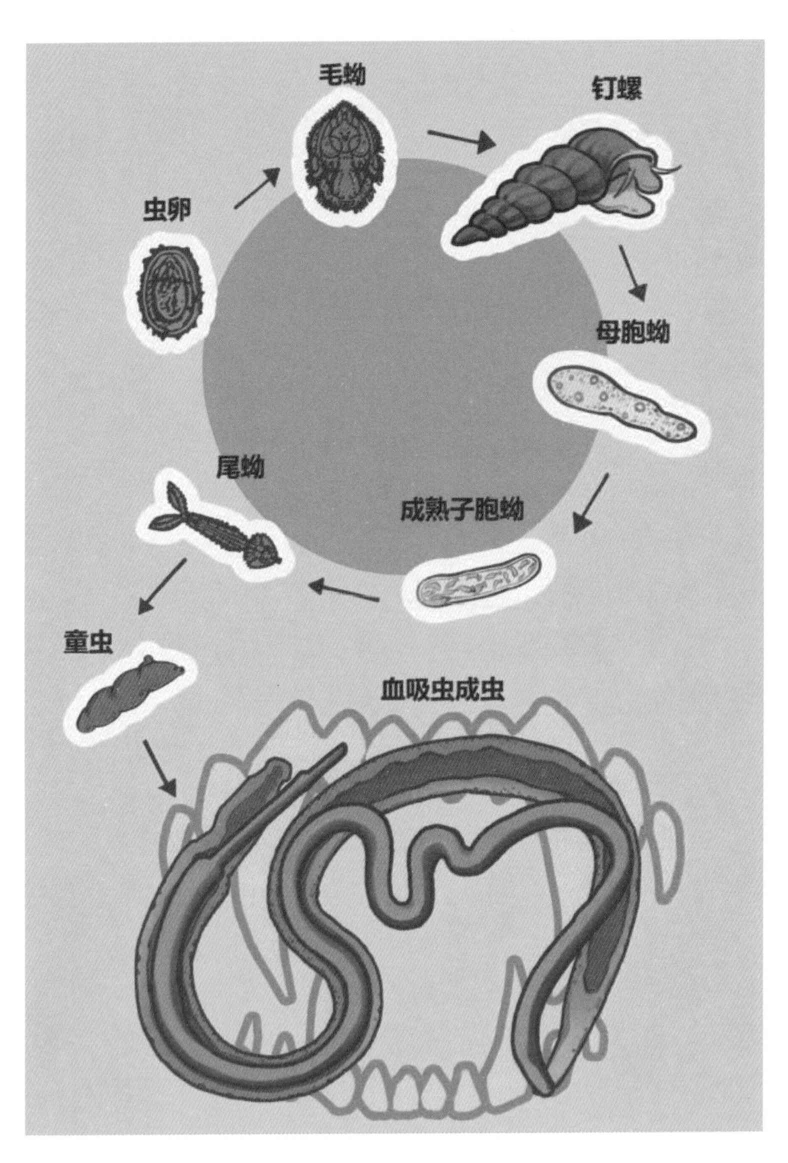

血吸虫的一生（感染钉螺）

行区域，肯定是接触了被血吸虫感染的钉螺的活动水域！”汪教授再次抛出了问题，“那你知道钉螺在血吸虫病中扮演了什么角色吗？”“钉螺是血吸虫的唯一中间宿主！”小燕博士这次胸有成竹地回答道。“那你知道我国流行的血吸虫病的血吸虫是哪一种吗？”听完汪教授抛出的这个问题，小燕博士瞬间愣了神，“不……不知道……”“我国主要流行的是由日本血吸虫引起的日本血吸虫病！看来你还差得远呢！”小燕博士听完这番话后连连点头，“老师教训的是！”

汪教授这时倒是放松地笑了笑，“已经很不错了，日本血吸虫生活史分为虫卵、毛蚴、母胞蚴、子胞蚴、尾蚴 、童虫和成虫 7 个阶段。对人体致病的主要有尾蚴、童虫、成虫和虫卵这几个阶段。根据不同的致病机制又可分为急性血吸虫病、慢性血吸虫病、晚期血吸虫病、异位血吸虫病等，对人体的危害还是不容小觑的。所以我们要诊断血吸虫病，那么‘金标准’必然是传统的病原学检测。病原学检测我们主要分为两方面，一方面对患者的粪便、尿液进行检查；另一方面就是更为直接的组织活检。目前临床上用得最多的是改良加藤厚涂片法和直接涂片法。直接涂片法显而易见就是用粪便标本或离心沉淀后的尿液标本直接涂片镜检，观察是否有血吸虫虫卵。改良加藤厚涂片法就要稍稍高级一些，这是目前 WHO 推荐的检测方法，主要用于流行病学的检查，可在较短时间内实现对大规模人群感染度的测定。在一些虫荷较低的情况下，就可以将粪便标本放入尼龙绢袋中浓集后进行毛蚴孵化，这样可以大大提高检出率。组织活检一般在直肠镜下或肝组织取材，取直肠组织做压片检查可以解决慢性期患者粪便中难以检出虫卵的问题了；肝组织检查基本上只用在晚期血吸虫病患者脾切除术中，若在肝组织标本中发现虫卵即可进行病原学诊断[1]。”汪教授说完，喝了一口水，小燕博士见缝插针地提问："汪教授，那我们的免疫学诊断技术呢？它的作用又有多大呢？"

汪教授继续娓娓道来，"不错呀小燕，你对这方面还是有所了解嘛。刚刚讲到的病原学检查虽是'金标准'，但是操作烦琐，并且对轻、中度患者的敏感性较低,检出率不高。免疫学检测相对来说实用性就比较高,不仅操作简单，敏感度也很高，在临床上广泛使用。但凡事都有两面性，它也有着特异性较低、易出现交叉反应和假阳性的缺点。所以免疫学诊断技术目前只是作为一种辅助诊断的手段。说到免疫学检测，那必然是分为抗原检测和抗体检测，普通抗原检测对轻、中度患者这样体内抗原含量低的来说检出率较低，所以现在用得也较少。还有循环阳极抗原，也就是 CCA，它是敏感性非常高的方法，操作也十分简便，但是仍然需要之前提到的改良加藤厚涂片法来确定它的截断值。CAA 对实验室的条件和操作要求就比较高，WHO 认为这种方式可以用于验证血吸虫是否完全清除。再就是抗体检测，是测定患者体内 IgM 和 IgG 来确定患者是否感染血吸虫，IgM 会在感染后迅速降低，它与是否受到治疗无关，而 IgG 则是会长期在体内存在，但是不能区别现症感染和既往感染[1]，而且人体免疫机制产生抗体需要时间，所以较难实现对于早期的血吸虫感染的诊断。"

小燕博士听得连连点头，"教授教授，那还有别的更先进的技术吗？""当然有了。近几年发展速度最快的就是分子生物学方法了，其中包括 PCR、LAMP 及 RPA，等等[2]。另外，还有针对环境 DNA 的检测的。不过这些都比较复杂，听听就好。更重要的还是讲讲如何预防吧。钉螺是血吸虫的唯一中间宿主，所以在有钉螺的水域就很容易感染血吸虫病。我们能做的就是要尽量避免直接接触疫水，夏天不要在有钉螺分布的湖水、河塘、水渠里游泳戏水，更不能喝生水。另外，根据流行地区的不同，传染源也有可能是猪、羊、牛等家畜，所以农村家畜散养、野粪遍地的现象也要改善。在接触这些可能的传染源后，还可以进行预防性服药，在 1~2 周内预防性服用相关药物；在临床上也要对已经确诊为血吸虫病的患者及时治疗，切断传染源[3]。”

参考文献

[1] 宋兰桂，吴忠道 . 血吸虫病诊断技术研究进展 [J]. 中国血吸虫病防治杂志，2021，33（6）660-663.

[2] 周己烜，侯嘉然，赵倩倩，等 . 环境 DNA 技术在血吸虫病监测中的应用研究进展 [J]. 中国热带医学，2022，22（11）：1092-1096.

[3] 汤凌，赵正元，刘佳新，等 . 切实织牢三级预防网络 推进血吸虫病消除进程 [J]. 热带病与寄生虫学，2021，19（6）：343-347.

汪教授有话说

血吸虫引起的血吸虫病是一种慢性寄生虫病，主要流行于亚、非、拉美等国家和地区，尤其是无法获得安全饮用水和适当环卫设施的贫穷地区。WHO 公布的数据显示，2021 年全球估计至少有 2.514 亿人需要获得血吸虫病预防性治疗，但仅 7530 万人得到了治疗。近年 COVID-19 大流行导致血吸虫病治疗覆盖出现减少，应引起相关政府卫生部门的高度重视。我国流行疫区主要在洞庭湖、鄱阳湖周边的上海、江苏、浙江、湖北、湖南、安徽、江西等省份。由于我国卫生防疫部门多年坚持大面积的杀灭钉螺和规范管理治疗血吸虫病患者，血吸虫感染患者明显减少。血吸虫病主要分两种类型，一种是肠血吸虫病，主要由曼氏血吸虫和日本血吸虫引起；另一种是尿路血吸虫病，由埃及血吸虫引起。我国主要流行的是日本血吸虫。日本血吸虫的成虫寄生于人体肠系膜静脉血管中，雌雄虫交配产卵，卵随血流沉积于肝脏、肠壁血管内和周围组织。分布在肠壁组织的虫卵部分破溃进入肠腔，随粪便排出体外，虫卵入水后孵化出毛蚴，毛蚴遇到钉螺主动侵入，经过二代胞蚴无性繁殖，形成大量尾蚴，尾蚴自螺体逸出，浮于水体表层，当人畜生产、生活接触含有尾蚴的水体，尾蚴可主动侵入皮肤成为童虫，童虫随血液循环到肝和肠系膜静脉而定居并发育为成虫，即可产卵。虫卵随门静脉血流顺流到肝，或逆流入肠壁而沉着在组织内，逐渐发育为成熟虫卵，内含毛蚴。肠壁内的虫卵可破坏肠黏膜而进入肠腔，并随粪便排出体外，再重演生活周期。血吸虫病的症状主要由身体对虫卵的反应所致，肠血吸虫病可能导致腹痛、腹泻和便血。肝大是晚期病例的常见症状。血吸虫病的诊断包括病原诊断和免疫诊断两大部分。患者的确诊需要从粪便中检获虫卵或孵化毛蚴，血吸虫病的诊断办法是检测粪便或尿液标本中寄生虫卵。血液或尿液样本中检测到的抗体 / 抗原也是感染的迹象。对于生活在非流行地区或低传播地区的人，可使用血清学和免疫学技术检测感染情况。为控制血吸虫病泛滥，一是提供安全饮用水，改善环境卫生，开展个人卫生教育和改变行为，并实施灭螺和环境整治。二是尽量避免直接接触有钉螺分布的湖水、河塘，一旦接触疫水后，要及时到当地血防部门进行必要的检查和早期治疗。吡喹酮是用于治疗各种类型血吸虫病的推荐药物。该药有效、安全且成本低廉。甲醚和青蒿琥酯也是治疗血吸虫病的重要药物。

42. 何为包虫病

经过一个假期的休息，小燕博士的心情似乎好了不少。她手里拎着一些旅游带回来的礼物就去找汪教授，“汪教授！你快看我出去旅游给你带的特产，有牛肉干、牛蹄筋、奶疙瘩……都是我在内蒙古当地买的，可好吃了！”汪教授顺手接过小燕博士手里的两个袋子笑了起来，“谢谢你呀，小燕，快坐下。出去旅游还记得给我带东西，那我就不客气了，让我尝尝味道怎么样……还真不错！”小燕博士坐在汪教授身边，两人开始聊了起来，“那当然了，那边每家每户都养羊、牛，还有马呢！我还跟它们都拍了照片，我给您看看。”小燕博士一边说着一边拿起了手机，“这个是牦牛！有一只白色的可特别了，还很乖呢！摸它都不会跑……”说起这些小燕博士滔滔不绝，汪教授适时接上了小燕博士的话，“真好呀，趁年轻的时候多出去转转，开阔一下眼界。不过我一看到这些牛羊就想起来一种人畜共患的寄生虫病。”“人畜共患？还是寄生虫病？汪教授你快告诉我是哪个疾病，我这一下还真想不起来了。”小燕博士又开始用充满好奇的眼睛看着汪教授，“好好好，看在你今天给我带了这么多好东西的份上我就给你仔细讲讲。”

“这一疾病主要流行在我国西北部地区，尤其是牧区和半农半牧区。这种寄生虫感染是由它的幼虫寄生于人体而引起的，我们称它为棘球蚴病（又称包虫病）。不过在我国主要有两类，一是由细粒棘球绦虫的幼虫引起的囊型棘球蚴病；二是由多房棘球绦虫幼虫引起的泡型棘球蚴病[1]。就致病性来说还是泡型棘球蚴病更为严重一些。其实人并不是棘球绦虫的终宿主，犬、狼、狐等犬科动物才是。人感染该病多半是因误食被棘球绦虫的虫卵污染的水源和食物，卵内六钩蚴孵出经肠壁进入人的血液，部分被宿主消灭，部分仍存活而发育为棘球蚴，而棘球蚴在人体可以存活 40 年以上。棘球蚴对人体的危害主要是机械性损害，用简单点的话说就是棘球蚴在人体内会不断地生长，压迫到周围的器官，从而导致细胞萎缩甚至坏死。泡型棘球蚴病就更严重了，不仅是机械性损害，还会直接侵蚀或者造成毒性损害！泡型棘球蚴病几乎都原发于肝脏，在肝实质内不断出芽生殖，形成泡球蚴小囊，一旦波及整个肝脏就会严重破坏肝组织，还可能引起肝衰竭或诱发肝硬化、门静脉高压，并发消化道大出血而死亡[2]。”

“汪教授，这个棘球蚴病对人体危害这么大，还是得早发现早治疗才行呀！不过您刚才说对人体大多是机械性损害，这要怎么检查才好呢？”小燕博士仍有点不解。

“早发现早治疗这是自然，棘球蚴病说到底还是寄生虫病。除一些常规的微生物检验方法外，还有一些其他的手段——影像学诊断。像临床上常用的超声、CT、MRI 等都能对棘球蚴包块的损害部位、大小等作出较准确的判断。就拿我之前所见过的一个病例来说，一名 10 岁男童因共济失调步态、头痛、呕吐和复视 4 个月入院。头痛在第 4 个月恶化，并与头部运动时的呕吐有关。这个男童的主要发病位置在脑部，医生自然就多安排了一些脑部的检查。在颅脑 CT 和 MRI 扫描显示后颅窝存在包虫囊肿。在这些影像学诊断技术中，超声是最为便携快捷的，并且费用低，是棘球蚴病的首选检查方法。而 CT

近年来在棘球蚴病诊疗中得到了普遍应用，这是因为它的优点最多——不仅对包虫囊肿定位准确，还能显示囊肿的大小和数量，为后续的手术安排提供了参考依据。还有 MRI 技术，能很好地显示囊膜、子囊及泡型棘球蚴病的囊泡，有助于辨别胆管和病灶的关系。还有分子影像技术，如 CT 灌注成像、MRI 质子波谱、磁共振扩散加权成像和 MRI 灌注成像等，由于技术难度等因素现在并不常用[3]。”

“小燕，还记得我之前跟你说的那几种最常用的微生物检验方法吗？”汪教授突然向小燕抛出了一个问题，“当然记得了！有最基本的病原学检测、免疫学方法，嗯……还有最近几年发展最快的分子生物学技术！咦？这些方法在检测寄生虫病上也能派上用场吗？”汪教授喝了口水道：“当然了，比如病原学检测，还得用到我们的老帮手——显微镜，先压片镜检粪便样本，然后再观察样本中是否存在绦虫卵就行啦。不过这一方法很考验检验技术人员的熟练程度和鉴别能力，毕竟需要用双眼去观察，这还是很费功夫的。再说到免疫学方法，无非是用到抗原和抗体，像棘球绦虫这些寄生虫甚至其分泌物、代谢产物等都可以以抗原的身份刺激人产生相对应的抗体，然后通过已知的抗原或抗体，检测患者血清中是否存在相应抗体或者抗原，就可以判断该患者是否患有棘球蚴病了。再说说核酸诊断技术，这么些年分子生物学技术发展很快，用它来诊断寄生虫病早就不是纸上谈兵了。可以说每一种寄生虫的基因都不是完全一样的，就像我们的指纹一样，世界上根本不存在两个一模一样的寄生虫基因。还是需要根据核酸序列的不同，设计其相对应的特定的引物或者探针从而检测寄生虫 DNA，辨别出寄生虫的种类。像 PCR、LAMP、基因芯片技术这些现在都很常用[3]，我就不一一赘述了。总而言之，像棘球蚴病这些寄生虫病，防治才是硬道理！”

小燕博士听完点了点头，“俗话说病从口入，看来还是真没说错！就棘球蚴病来说，我们是不是只要切断虫卵污染这条路就好啦？”“那还不行，这毕竟是人畜共患病，像放牧区人民饲养的犬只、家畜，还要及时驱虫才行，人们还是要保护环境、讲卫生才好！”

参考文献

[1] 佚名．包虫病诊断标准 [J]. 热带病与寄生虫学，2018，16（1）：56-61.

[2] 吴忠道，汪世平．临床寄生虫学检验 [M]. 北京：中国医药科技出版社，2010.

[3] 王成程，韩国全，王利娜，等．包虫病快速检测技术研究进展 [J]. 食品安全质量检测学报，2018，9（7）：1484-1490.

汪教授有话说

棘球蚴病是人体感染棘球绦虫的幼虫而导致的人畜共患寄生虫病，是人类绦虫病中危害最严重的一种慢性寄生虫病。棘球蚴病呈世界性流行趋势，重要的流行区域有我国西北牧区和农牧区、蒙古国、土耳其、伊拉克、叙利亚、阿根廷、巴西、澳大利亚，以及非洲北部、东部和南部的一些国家和地区。在我国主要流行细粒棘球绦虫、多房棘球绦虫，造成的疾病分别叫囊型棘球蚴病和泡型棘球蚴病，后者是高度致死的疾病，未规范治疗者病死率高达 90% 以上。腹部 B 超可发现肝和腹腔内的包虫，胸透可以发现肺包虫。肝包虫病目前仍以手术治疗为主，中晚期复杂棘球蚴病治愈是有困难的，需要连续服药 1~3 年才有明显效果。使用的治疗药物有阿苯达唑等。预防感染棘球蚴病主要是做好环境卫生及改变不良饮食习惯：一是加强饮食卫生和个人卫生；二是不玩狗、勤洗手、不吃生食和生肉、不喝生水；三是患病牛羊的肝、肺等内脏必须采用集中焚烧、挖坑深埋等方法进行处理，疫区每月定期给狗驱虫，对狗驱虫后 5 天内的粪便进行深埋或焚烧等处理，防止污染环境。

43. 生食需注意——广州管圆线虫感染

这天，大雨过后，小燕博士和汪教授正在医院附近的公园散步。走着走着，他们看到前面的石头路上扭动着一条蚯蚓。小燕博士笑着蹲下，将蚯蚓捡起来放进了花坛，接着和汪教授一起坐到一旁的休息椅上。小燕博士看着汪教授说："汪教授，我看见这条蚯蚓就想到了圆线虫，哈哈哈，我这两天刚好看到了一则关于广州管圆线虫（Angiostrongylus cantonensis）的病例。我给您讲讲？还有些疑问也想请教您呢。"汪教授含笑点点头说："来，说说看。"

小燕博士说："这个病例是关于一个还未满一岁的婴儿。临床诊断出他罹患了嗜酸性粒细胞性脑膜炎，说是感染了广州管圆线虫。通过向患者家属仔细询问，得知这个婴儿和他的家人生活在农村。入院的时候患者就已经发热，时不时地还有癫痫的发作。到医院时医生做必要的检查。一检查，发现抽的外周血里头嗜酸性粒细胞已经明显增多；抽了脑脊液，发现白细胞数目也已显著升高，其中三分之一都是嗜酸性粒细胞。又对脑脊液进行了广州血管圆线虫 ELISA 检测，呈阳性。在脑脊液中医生甚至发现有蠕虫在蠕动。经过一系列的检查之后，医生诊断患儿为广州管圆线虫嗜酸性粒细胞增多性脑膜炎。现在这个患儿的症状已经有所好转了。"

汪教授点点头，开始娓娓道来："广州管圆线虫，打个小比方，就像'小强一样’，生命力特别顽强，还特别能生小虫，是一种人畜共患的寄生虫。中间宿主有螺、鱼、虾及被污染的蔬菜瓜果等，它们常常在田间地头及污水里生长，人体感染广州管圆线虫的原因主要是吃了已经被它污染过的并且没熟透的蔬菜瓜果及没烧开的水。而这个小患者和他的家人住在农村，又以种田为生，很可能就是吃了没熟透的被污染过的菜之类。人在感染了广州管圆线虫之后，就会得广州管圆线虫病，因为它们主要侵犯中枢神经系统，发病后脑脊液中的嗜酸性粒细胞会显著升高，所以又称这个病为嗜酸性粒细胞增多性脑膜炎，最明显的症状就是剧烈头痛、脑膜脑炎、颈项强直，其中颈项强直的表现有癫痫、脑炎、脑出血等。所以呀，上面你也提到了这个小患者有着癫痫的症状。另外，嗜酸性粒细胞增多性脑膜炎还会有发热、恶心、呕吐等症状。一般小于2岁的儿童得了这个病之后，病症会更加严重。”

小燕博士认真听完之后，不好意思地接着问：“汪教授，您能再给我讲讲关于诊断广州管圆线虫感染的方法吗？”

汪教授笑着道：“哈哈哈，这有何不可。现在临床诊断广州管圆线虫其实也没有特别理想的方法，目前主要依据病史进行诊断。因此医生往往在会诊患者的时候先问问他们有没有吃生的或者没熟透的蜗牛、螺之类的东西，还会询问患者有没有头痛等症状。另外，除了通过询问患者获得信息，进行一系列的实验室检查也是十分必要的。实验室检查主要分为两类，分别是非特异性检查和特异性检查。

“广州管圆线虫的非特异性检查主要是对血液和脑脊液的检查。在进行血液检查后，会发现白细胞的数目一般正常或者有一定的小升高，嗜酸性粒细胞也会有一点小升高。与血液相比，脑脊液中白细胞和嗜酸性粒细胞的升高则更加显著，肉眼看上去颜色也会有所发黄，另外脑脊液中蛋白质的含量也会有所升高。

“广州管圆线虫的特异性检查有检验和影像两种方法。检验方法有镜检病原体、特异性抗原检测、特异性抗体检测；影像方法有头颅 CT、胸部 CT 及脑电图检查。

“咱们先来讲讲检验方法。镜检病原体这一方法的依据是广州管圆线虫的幼虫可以存活并发现于患者脑脊液中。在患者脑脊液中发现幼虫也是临床检验诊断的金标准。但是直接从样本中看到虫体的概率较低，故而限制了这种方法的使用。特异性抗原检测是用 ELISA 试验检测样本中的相应抗原，如果实验结果呈阳性，则为感染了广州管圆线虫。特异性抗体检测的方法有 IIF 试验——将虫体标本经过处理后加入由荧光素标记的抗体，再进行镜检；还有 ELISA 试验——通过加入用虫体制成的可溶性抗原，去检测样本中有无相应抗体[1]。

“另外，除了上述的‘老牌’方法外，近年来也涌现了很多新方法。前面提及的 PCR 方法在广州管圆线虫检测中也有应用，但是因为仪器贵、需要的检验时间长等，在应用上受到了限制。随着技术的不断发展，高通量测序技术在临床上的应用也更加广泛。在广州管圆线虫的诊断上，应用此种技术再叠加嗜酸性粒细胞的指标可以帮助临床及时诊断。另外，纳米金标记技术操作简单，敏感性和特异性较好，在广州管圆线虫早期的检验中应用良好[2]。

“而影像学方法是通过头颅或胸部 CT 检测患者的脑组织或者肺组织的病变，这对临床诊断也有一定的辅助作用[3]。”

小燕博士意犹未尽地听完后，再次感叹：“微生物的世界真是多姿多彩啊！”

汪教授有话说

广州管圆线虫主要是人类通过食用未经煮熟的或生的含感染期幼虫的螺等软体动物、被污染的蔬菜、瓜果或喝生水等感染，大部分人都能痊愈，不会人传人。人感染后，起病较急，以疼痛特别是剧烈头痛等为突出表现，可有颈项强直、恶心、呕吐、低度或中度发热、感觉异常、视觉损害等症状，引起嗜酸性粒细胞增多性脑膜炎或脑膜脑炎。主要流行于热带和亚热带地区，波及亚洲、非洲、美洲、大洋洲的 30 多个国家和地区，其中东南亚、太平洋岛屿、加勒比海区域流行较重。广州管圆线虫感染诊断的标准是患者有生食淡水螺肉、未清洗干净的蔬菜或喝生水，有发热、剧烈头痛等症状，白细胞总数增加、嗜酸性粒细胞增多，ELSIA、IIF 或金标法检测出血液或脑脊液中有广州管圆线虫抗体或循环抗体。尚无特效治疗药物，一般采用对症和支持疗法，首选药物为阿苯达唑。服药过程中因虫体死亡及脑水肿等易引起颅脑高压，可给予相应的对症和支持治疗。个人预防感染该寄生虫的方法主要是不生食或半生食螺片、蛞蝓等食物，还要注意在食用或加工福寿螺作为养鸭的饲料时应避免污染与感染。

参考文献

[1] 王乾宇 . 广州管圆线虫现代检验技术研究进展 [J]. 黔南民族医专学报，2021，34（3）：227-230.

[2] 李宛青，雒红宇 . 广州管圆线虫病概述 [J]. 生物学教学，2007（8）：8-9.

[3] 朱佩娴，熊钟谨，吴春云，等 . Dot-ELISA 检测广州管圆线虫抗体的研究 [J]. 中国人兽共患病杂志，2002（5）：51-53.

44. 万恶之源——疟疾

“夏天快到了，烦人的蚊子也开始活跃起来了，要开始准备防蚊的工具了。”小燕博士忍不住和汪教授吐槽起来。汪教授说：“是啊，这蚊子叮咬起人来，轻则使人瘙痒难耐，重则致病，不得不防啊。”小燕博士问：“被蚊子叮咬皮肤之后，我们可以通过多种方法快速止痒消肿，对我们的健康算不上什么威胁，可您说的蚊子致病的原因是什么？”汪教授说：“其实，蚊子可以携带多种致病，甚至是致命的病毒、寄生虫等，在叮咬人之后会带来相应的传染病。而疟疾就是通过蚊子传播的最常见的传染病之一。”

小燕博士说：“原来如此。那疟疾是如何产生的呢？”

汪教授说：“自然界中，有种叫疟原虫（Plasmodium）的寄生虫，喜欢寄生在某些蚊子体内，当这些蚊子叮咬人吸血时，它们便会随蚊子的唾液进入人体血液循环中。没过多久它们便向人体肝脏发起侵入性进攻，并在肝细胞中大量繁殖，最终胀破细胞释放成千上万的子孙后代涌入血流。吞噬细胞哪能容忍它们如此放肆，便将部分疟原虫吞噬清除。疟原虫受挫后就开始躲到红细胞中暂避风头，其间不断摄取细胞内物质以养精蓄锐。红细胞不堪重负破裂后，释放大量的疟原虫及其代谢产物和疟色素入血，从而刺激机体引发寒战、发热等症状。趁吞噬细胞应接不暇时，刚释放出的疟原虫又转战正

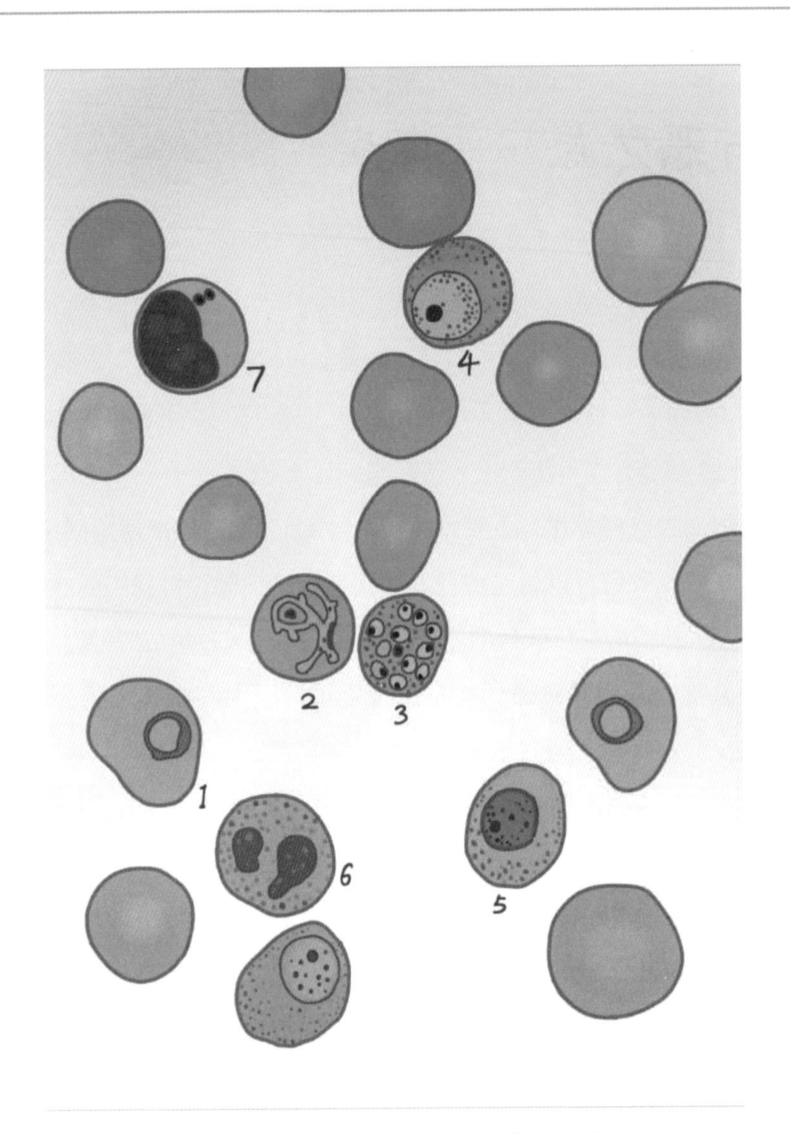

血细胞中的疟原虫：不同种类的疟原虫会使红细胞呈现不同的形状，并且它们各自形态也不同

常的红细胞，继续它们的‘谋杀’计划。此时，在血液里面还有大量疟原虫雌或雄配子，蚊虫吸食血液后，配子在蚊虫体内增殖为子孢子，待此蚊虫叮咬他人时便使疟原虫得以传播。

“祸害人间的疟原虫家族有5个兄弟，即间日疟原虫、三日疟原虫、恶性疟原虫、诺氏疟原虫和卵形疟原虫。曾经有个小姑娘因周期性发热和寒战8天而住院，最终因在其血液中发现了间日疟原虫的踪迹而被诊断为疟疾。携带疟原虫的雌性按蚊是疟疾传播的主要帮凶。除此之外，疟疾还可以通过输入带疟原虫者的血液进行传播。发病时往往有周期性寒战、高热、乏力、头痛、大汗淋漓等表现，多次发作后可出现脾大和贫血，严重者可发生昏迷、抽搐等，如诊治不及时，可致人死亡。疟疾是世界上最严重的感染性疾病之一，全球平均每年发病2亿~3亿人，数十万人因疟疾而死亡，严重时可高达数百万人，严重危害人类的生命健康。”

小燕博士听完之后惊呆了：“没想到这小小的蚊子加上这疟原虫竟能给人类带来如此的厄运！万一被疟原虫趁机潜入我们体内，我们将如何把它尽快检测出来呢？”接着汪教授又耐心地讲述疟原虫的检测方法。

汪教授说：“根据疟原虫在人体内的作恶行径，将疟原虫检测出来并不难，只需要取患者血液置于显微镜下观察其中有无疟原虫即可。不过需要注意的是，在采血时应在患者寒战发作时采血，此时疟原虫数量多、容易找出。采血后应尽快制作血涂片，目前最常用的是厚、薄血膜法，在表面洁净、无刮痕的载玻片上将血滴涂制一个薄血膜和一个厚血膜，薄血膜需用无水甲醇进行固定。当然，为了便于观察，我们还需使用吉姆萨染液或瑞氏染液对其进行染色，使血液中疟原虫和各种细胞的形态在镜下显现出来。厚血膜用来查找疟原虫的踪迹，若发现存在疟原虫，那我们需要再来检查一下薄血膜。

由于疟原虫寄生在红细胞内时，会造成红细胞变形，且不同种类的疟原虫会使红细胞呈现不同的形状，并且它们各自形态也不同，根据这些特点我们便可鉴别出所感染的具体是哪一种疟原虫。这种方法具有操作简便、敏感、价廉和可鉴别虫种等优点，是疟疾诊断的金标准，也是目前最常用的方法之一。

“不过显微镜下疟原虫的检出往往需要操作娴熟的技术人员来完成。经验不足便会降低检出的成功率，造成漏诊。另外，当血液中的疟原虫数量较少时，在血涂片中也很难将其检出。因此人们开发了一种疟原虫抗原检测快速诊断试剂盒来检测患者血液样品或其他样品中的疟原虫抗原，用于疟疾的初步诊断，可以很好地弥补显微镜检查的不足。

“但在应用过程中，人们发现当患者体内疟原虫数量较多时，疟原虫抗原的浓度也会相应增高，甚至超出试剂盒检测范围，造成假阴性的结果，这给疟疾的明确诊断带来了不便。后来，人们将高灵敏性和特异性的实时荧光定量 PCR 应用于疟原虫的检测中。从感染的红细胞中分离出疟原虫，然后提取和纯化疟原虫 DNA 并进行 PCR 扩增，无论患者体内疟原虫数量有多少都能将其检测出来，并且在检测的同时还可直接对虫种进行分型，既快速又高效。其他的分子检测技术如巢式 PCR、DNA 探针检测等也同样被应用于疟疾的快速诊断。

“不过话说回来，PCR 仍然是一种相对复杂的技术，需要昂贵的实验室设备、人员培训、核酸提取和样本制备。人们为了方便现场即时诊断便又开发了新的诊断方法与设备，在资源有限的环境下也能开展快速便捷的诊断工作。基于 CRISPR 的核酸检测平台 SHERLOCK[1] 便是其中一种，它可以对无症状的疟原虫携带者进行超灵敏检测，是一种很有前途的检测方法，为我们根除疟疾提供了很大的希望。另外还有便携式芯片实验室[2]，与传统的分子诊断技术相比，它在保证检测结果的可靠性和稳定性外，更显灵活多用。”

汪教授有话说

疟原虫属于顶复门、血孢子虫目，具有特征性的顶端复合体，是红细胞内寄生原虫，通过感染的节肢动物叮咬传播。疟原虫引起的疟疾在我国3000多年前的殷商时期就有记载。1880年法国学者首次在恶性疟患者血液中发现了疟原虫。尽管其种类不少于200种，但仅有5种能感染人，分别是恶性疟原虫、间日疟原虫、三日疟原虫、卵形疟原虫和诺氏疟原虫。虫种鉴定基于形态学特征。疟疾是全球主要的传染病之一，主要分布在热带和亚热带地区，疟原虫主要通过被感染的蚊子叮咬传播。疟疾的诊断主要依赖于病原学检查，厚血膜涂片检查根据大滋养体、环状体、雌雄配子体等形态学特征准确诊断疟原虫感染及其种类。免疫学方法检测血液中疟原虫的抗原或抗体具有灵敏快速方便的优点。PCR等分子生物学方法检测疟原虫核酸有助于疾病的诊断。

参考文献

[1] LEE R A，PUIG H，NGUYEN P Q，et al. Ultrasensitive CRISPR-based Diagnostic for Field-applicable Detection of Plasmodium Species in Symptomatic and Asymptomatic Malaria [J]. Proc Natl Acad Sci USA，2020，117（41）：25722-31.

[2] TAYLOR B J，HOWELL A，MARTIN K A，et al. A lab-on-chip for Malaria Diagnosis and Surveillance [J]. Malar J，2014，13：179.

45. 心急可能会吃了弓形虫?

在一个周末的晚上，小燕博士、汪教授和几位朋友相约一起吃烤肉。牛肉、羊肉、猪肉等陆续被放上烤盘，大家都对烤盘上的肉虎视眈眈。还没等肉完全烤熟，就有人迫不及待地夹起准备享用，还说道："肉烤成这样就可以了，烤老了就不好吃了！"汪教授连忙阻止，说道："吃烤肉可不能心急！生肉里面可能有一些寄生虫，要是吃了没熟的肉，感染了寄生虫，是可能会致病的！"小燕博士问道："生肉里一般有什么寄生虫？汪教授您可以介绍一下吗？"

汪教授回答："弓形虫（Toxoplasmosis）是一种在生肉中常见的寄生虫。弓形虫是一种细胞内寄生虫，可以感染人和动物体内的所有有核细胞。弓形虫感染包括先天性感染和获得性感染两种。先天性感染是指在妊娠时期孕妇感染弓形虫后，通过胎盘屏障进入胎儿体内，导致感染，可能导致流产、死胎或畸形[1]。获得性感染主要是通过食用含有感染性卵囊的生的或未完全煮熟的肉（特别是羊肉和猪肉）、蔬菜、水果或被污染的水。免疫功能正常的人感染弓形虫后，不会产生病症；但若是免疫功能缺陷的个体，感染后可能出现单核细胞增多症样综合征，伴有疲劳、头痛、乏力、发热和颈部淋巴结肿大，也可能出现脑炎、肺炎、视网膜脉络膜炎等症状[2]。"

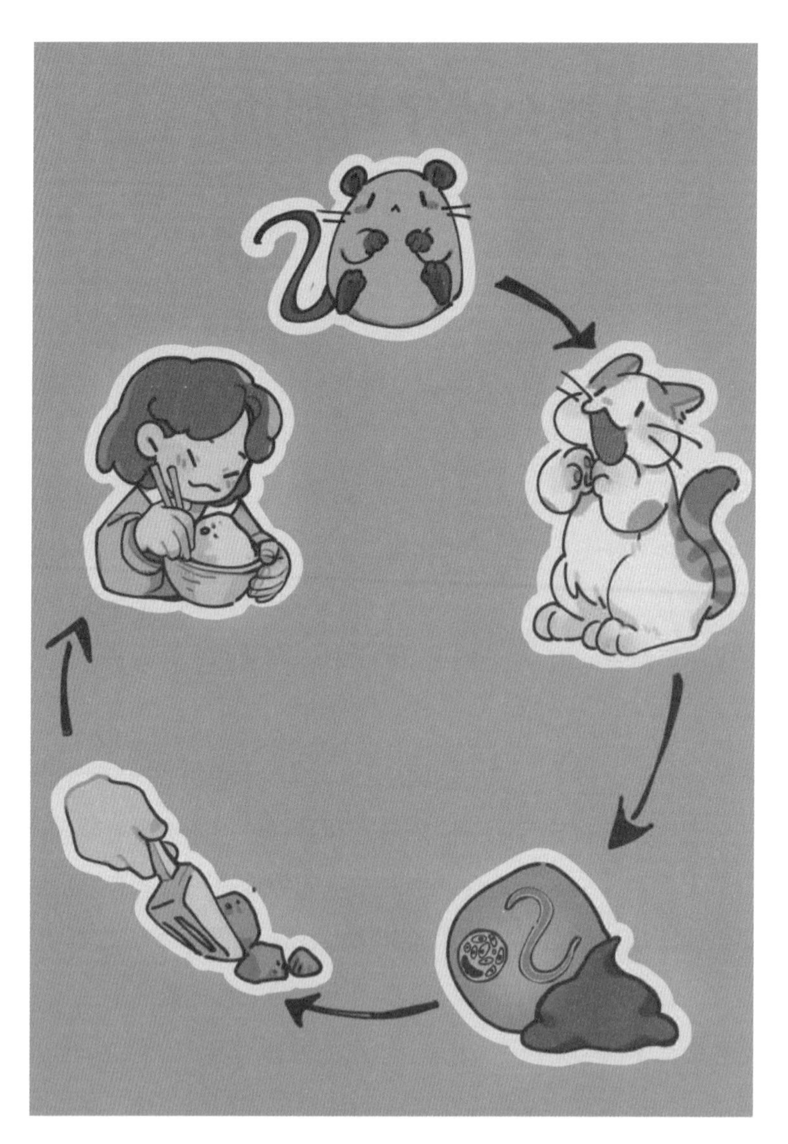

弓形虫传播途径

“弓形虫的检测方法主要包括病原学检测、免疫学检测和分子生物学检测三种。病原学检查主要包括涂片染色法和动物接种分离法两种。涂片染色法主要取患者体液、脑脊液、血液、骨髓、胸腔积液、羊水等标本，涂片后，采用吉姆萨染色或瑞氏染色，即可观察标本是否含有弓形虫。涂片染色法检测速度快，但容易误检、漏检。动物接种分离法是将患者标本制成液体，注射进实验动物腹腔内，一段时间后检测动物腹腔液体是否含有弓形虫，即可判断患者是否为弓形虫感染。动物接种分离法需要的时间比较长，不适合临床早期诊断[3]。

“免疫学检查主要有染色试验、IHA 和 IIF[4] 三种。染色试验的原理是将活的弓形虫速殖子与正常血清混合，孵育一段时间后，大部分滋养体从原来的新月形变成圆形或椭圆形，由于细胞质对碱性亚甲蓝有较强的亲和力，因此会被深染；但当弓形虫与含有特异性抗体和补体的血清混合时，虫体会因受到抗体和补体的协同作用而变性，导致对碱性亚甲蓝不着色。染色试验曾因为其特异性强、敏感性高等优点被称为弓形虫最有价值的检测方法，且在早期诊断中被广泛使用[5]。但这个方法使用的抗原必须是活体，不利于操作，且存在着巨大的危险性，因此现在已经被限制使用。间接血凝试验的原理是先用弓形虫的可溶性抗原致敏红细胞，将致敏红细胞与患者血清进行反应，当血清中存在弓形虫抗体时，会发生抗原抗体特异性结合，则可肉眼观察到凝集现象。IHA 特异性较强，但重复性比较差，致敏红细胞不稳定，且易发生非特异凝集。IIF 是通过制备单克隆抗体，将其作为一抗，并制备荧光基团标记的针对一抗的二抗，若存在弓形虫抗原，则会与一抗特异性结合，二抗会与一抗特异性结合，反应后读取荧光值即可定量检测弓形虫[6]。基于免疫学方法，目前已有 ELISA 试剂盒和胶体金试纸等产品应用于临床弓形虫检测。

ELISA 的优点是特异性强、灵敏度高、可定量检测。胶体金法操作简单、检测迅速，但不能定量检测 [7]。

“分子生物学方法包括 PCR、巢式 PCR、实时荧光定量 PCR 和 LAMP 两种。PCR 是通过扩增弓形虫的基因后，进行琼脂糖凝胶电泳，可以定性检测标本中是否含有弓形虫。巢式 PCR 与常规 PCR 的不同之处是，使用两对 PCR 引物进行基因扩增 [8]。巢式 PCR 的优点是如果第一次扩增产生了错误的片段，第二次可以在错误片段上进行引物结合并扩增的概率极低，因此巢式 PCR 有很强的特异性。实时荧光定量 PCR 中除了常规 PCR 的体系外，还加入了荧光探针，在反应过程中，通过读取荧光强度，可以实时监测 PCR 反应进度，并定量检测标本中弓形虫含量 [9]。LAMP 是一种特异性基因等温扩增方法，使用两对引物，在等温条件下进行核酸的快速扩增。环介导等温扩增技术不需要特定的 PCR 仪，具有操作简便、检测快速、结果易判、价格低廉等优点 [10]。”

汪教授有话说

弓形虫是细胞内寄生虫，寄生于细胞内，这种胞内寄生虫的三个阶段分别是速殖子、缓殖子和子孢子。已知猫科动物家族是刚地弓形虫有性生殖阶段的终宿主，是感染阶段主要的保虫宿主。弓形虫感染人的两个主要途径是经口和先天性传播。免疫力正常人群通常没有症状。只有10%~20%急性感染患者可发展为颈部淋巴结病和（或）类似流感症状，且具有自限性。免疫力低下患者可有中枢神经系统症状，也有可能是心肌炎或肺炎。在HIV患者中，弓形虫脑炎是颅内损伤最常见的原因。孕妇如果怀孕前3个月发生先天性感染，大约40%胎儿可能有严重的损害，出现流产、死胎或新生儿疾病，或者出生后有眼、脑或肝脏的病变或畸形、智力障碍、黄疸和肝脾大等症状。患弓形虫患者的尿液中、唾液中、眼泪中、鼻涕中、精液中，有时带有弓形虫包囊。人类通过性行为可以互相传染，亦可引起严重的致残性。预防的方法有避免生食动物肉，厨房里要生、熟食品分离，饭前便后洗手，避免与猫、狗等动物的亲密接触，避免动物尤其是猫的粪便污染水源、蔬菜等。血清、血浆、脑脊液、眼部液体和羊水可用于弓形虫抗体或虫体DNA检测，核酸扩增、细胞介导的免疫反应是诊断弓形虫感染最常用的方法。一旦出现弓形虫脑部感染、活动性脉络膜视网膜炎，采用乙胺嘧啶片、磺胺嘧啶、亚叶酸联合使用，孕妇急性感染，即给予螺旋霉素治疗，同时对胎儿进行羊膜穿刺和超声检查。如果证明胎儿发生感染，孕妇则采用磺胺加乙胺嘧啶治疗；如果发现胎儿有明显的病症，父母可考虑终止妊娠。但这种方法是否值得采用，仍有争论。

参考文献

[1] 李克生，杜惠芬，连晓雯. 人群弓形虫感染及其检测方法的重要性 [J]. 预防医学情报杂志，2009，25（3）：215-218.

[2] 陈光霞，黄宇烽. 介绍一种快速检测人血清弓形虫抗体的方法 [J]. 陕西医学检验，1994（1）：32-33.

[3] TAO Y R，SHEN C X，ZHANG Y，et al. Advances in Research on Schistosomiasis and Toxoplasmosis in China：A Bibliometric Analysis of Chinese Academic Journals Published from 1980 to 2021 [J]. Acta Tropica，2023：238.

[4] ELSHEIKHA H M，MARRA C M，ZHU X Q. Epidemiology，Pathophysiology，Diagnosis，and Management of Cerebral Toxoplasmosis. Clin Microbiol Rev，2020，34（1）：115-19.

[5] 吉婧，朱明哲，宋新宇，等. 弓形虫 GRA1 蛋白单克隆抗体的制备与间接免疫荧光检测方法的建立 [J/OL]. 中国动物传染病学报：1-12 [2022-12-21].

[6] 孙雪霏. 猪弓形虫抗体间接 ELISA 方法的建立及胶体金试纸条的制备 [D]. 长春：吉林农业大学，2016.

[7] 刘继红，汪琳，柏亚铎，等. 弓形虫 PCR 检测方法的建立 [J]. 检验检疫科学，2007（3）：38-40.

[8] 侯照峰，王尚尚，贾红，等. 弓形虫荧光定量 PCR 检测方法的建立与初步应用 [J]. 中国兽医杂志，2015，51（1）：3-6.

[9] 傅斌，刘克义，韩广东，等. 巢式 PCR 法检测弓形虫的应用研究 [J]. 中国热带医学，2005（5）：929-931.

[10] 赖植发，黄慧萍，顾金保，等. LAMP 技术检测弓形虫感染方法的建立 [J]. 热带医学杂志，2014，14（8）：1035-1037，1068.

46. 畏惧“宝塔糖”的蛔虫

年关将至，小燕博士在逛商场，准备回老家给家人买些礼物。走进一家糖果店，抬眼望去全是琳琅满目、各式各样的新奇糖果，考究的摆放方式和色彩斑斓的糖果使糖果店五光十色，令人仿佛置身在童话世界中。在小燕博士面前，摆放着一些宝塔状的糖果，小燕博士立马想起小时候吃的蛔虫药——“宝塔糖”，便拍照分享给汪教授，并好奇地询问这是不是大家共有的童年记忆。汪教授回复：“确实是，很多人小时候都吃过蛔虫药。那么小燕，你了解有关蛔虫（Ascaris）的知识吗？”小燕博士回答道：“虽然我们都知道治蛔虫病的‘宝塔糖’，但是我还真不太了解蛔虫！汪教授您可以介绍一下吗？”

汪教授欣然同意，介绍道：“蛔虫全称叫似蚓蛔线虫，是一种人体特别是儿童体内常见的寄生虫。近年来感染率已经降低，我们的童年记忆‘宝塔糖’也不太常见了。蛔虫的传染源主要是能排出受精蛔虫卵的感染者，人由于常食用被虫卵污染的食物或饮用生水而感染，所以我们一定要注意饭前便后洗手，食用熟食和喝开水，防止感染蛔虫。若有人误食了蛔虫卵，虫卵就会进入小肠，在小肠的环境下孵化出幼虫，蛔虫幼虫可以在人体内移行，并在小肠内发育为成虫，成虫可以在人体中存活一年左右。蛔虫幼虫和成虫都可致病，腹痛、腹泻或便秘是人们比较熟悉的蛔虫病的症状。除此之外，蛔虫

蛔虫害怕“宝塔糖”

也可导致除肠道外的部位发生病变。因为幼虫会在肺内移行，所以感染蛔虫可能会导致肺炎；若幼虫进入淋巴结、胸腺、甲状腺、脾脏、脑和脊髓等组织和器官，则会导致相应部位的病变。成虫主要寄生在消化道，可能会导致肠蛔虫病、胆道蛔虫病、肠梗阻、阑尾炎、肠穿孔[1]。

"当患者出现可疑症状，在对蛔虫病作出诊断时，离不开实验室检测。蛔虫病的检测方法中，最重要的就是病原学检测，一般取患者粪便、痰液、支气管肺泡灌洗液、呕吐物等标本。若检出蛔虫虫卵、幼虫或成虫，即可作出诊断。粪便的蛔虫检测方法较常见的包括直接涂片法、改良加藤厚涂片法和饱和盐水漂浮法。直接涂片法就是在载玻片上滴一滴生理盐水，把粪便直接在生理盐水中涂抹开，在显微镜下观察是否有虫卵。改良加藤厚涂片法的原理是利用粪便的定量或定性厚涂片，增加视野中虫卵数，并通过处理使粪膜透明，从而使粪渣与虫卵产生鲜明的对比，便于观察和计数。饱和盐水漂浮法的原理是通过将标本置于饱和盐水中，使比重较小的蛔虫卵漂浮在液体表面，从而达到富集蛔虫卵的目的。具体步骤是取蚕豆大小的粪块加入圆形直筒瓶中，加入适量饱和盐水调成混悬液，再慢慢加入饱和盐水至液面略高于瓶口又不溢出，在瓶口上覆盖一张载玻片，静置 15~20 分钟后，将载玻片提起并迅速翻转，即可镜下观察。与直接涂片法相比，改良加藤厚涂片法和饱和盐水漂浮法处理后的标本在显微镜下观察，虫卵更密集，更利于观察和计数，可以提高检出率。痰液、支气管肺泡灌洗液、呕吐物等标本通常通过直接涂片法来检测虫卵或虫体，相比于粪便，这些标本的蛔虫检出率都较低，所以粪便是临床上更常用的标本[2][3]。

"除了病原学方法外，免疫学方法也可以准确检测蛔虫感染，包括 ELISA、IHA、琼脂扩散试验等。ELISA 可以采用间接法检测人血清中的抗体，原理是将蛔虫虫卵蛋白可溶性抗原包被在酶联板中，若血清中有相应抗体，则会与包被抗原特异性结合，再加入酶标二抗与一抗特异性结合，通过检测 OD 值即可定量检测蛔虫抗体。IHA 是用蛔虫虫卵蛋白可溶性抗原致敏绵羊红细胞，致敏红细胞可与患者血清中的特异性抗体发生可见的凝集反应，即可判断是否为蛔虫感染。琼脂扩散试验是蛔虫虫卵蛋白可溶性抗原与患者血清在琼脂中进行沉淀试验，若出现沉淀线则表示血清中含有蛔虫抗体，即可确诊蛔虫感染。免疫学方法的操作简单，检测时间短，且有比病原学方法更高的特异性和灵敏度 [4]。

“分子生物学方法也被应用于蛔虫的检测。PCR 是常见的分子生物学方法，原理是根据蛔虫的基因组设计引物，若患者感染了蛔虫，标本中的蛔虫基因就会在 PCR 体系中，在不同的温度下进行变性、退火、延伸，完成扩增后，再进行琼脂糖凝胶电泳，将出现特定的条带。实时荧光定量 PCR 在 PCR 的基础上，加入了荧光探针，通过检测荧光强度，即可实时监测反应进程，且可以定量检测。与病原学方法相比，分子生物学方法特异性更强，且可以减少检测人员的工作，降低对检测人员经验的要求 [5]。

“除了以上提到的方法外，还有一些影像学方法也可应用于蛔虫病的辅助诊断，包括超声、核磁共振等 [6]。”

汪教授有话说

蛔虫，又称似蚓蛔线虫，隶属线虫动物门、线虫纲、蛔目、蛔科，是人体肠道内最大的寄生线虫，可引起蛔虫病。蛔虫感染者是蛔虫病的唯一传染源，人摄入感染期虫卵是引起蛔虫感染的主要原因。蛔虫的幼虫和成虫均可对人体造成损伤，其主要致病机制是幼虫在体内移行和成虫在小肠内寄生引起的宿主免疫反应、机械性损伤、营养剥夺等，还可引起胆道蛔虫病、肠梗阻、蛔虫性阑尾炎等并发症。蛔虫感染的诊断金标准是病原学检查，粪便标本中找到蛔虫卵即可确诊，常用的方法包括直接涂片法、改良加藤厚涂片法和饱和盐水漂浮法。免疫学方法如 ELISA、IHA、琼脂扩散试验可用于血清中蛔虫抗体的检测，具有操作简便、灵敏度高的优点。分子生物学方法如 PCR 可直接从粪便等标本中检出蛔虫核酸，在临床实验室也有一定的应用。

参考文献

[1] 周莉，金伟，郭见多，等 . 改良加藤厚涂片法检查土源性线虫卵的检出效果 [J]. 热带病与寄生虫学，2014（2）：89-91.

[2] 何光志，田维毅，高英，等 . 几种不同方法检测抗蛔虫抗体的建立 [J]. 山东医药，2011，51（40）：69-71.

[3] 赵昕，郑秋月，田苗，等 . 采用 PCR 方法快速检测食品中的蛔虫卵 [J]. 大连水产学院学报，2009，24（S1）：209-210.

[4] 吴绍强，林祥梅，韩雪清，等 . 泡菜中蛔虫卵荧光 PCR 检测方法的建立及应用 [J]. 食品科学，2007，28（11）：345-349.

[5] 蔡玲 . 超声检查在诊断小儿肠道蛔虫病中的应用 [J]. 中国社区医师（医学专业），2010，12（10）：99.

[6] 刘中银，张羲娥，刘杨 . 胆道蛔虫的 MRI 及 MRCP 诊断 [J]. 西南国防医药，2008，18（5）：717-719.

47. 恐怖的“食脑虫”

又到了夏天多雨的季节，环境变得既潮湿又闷热。小燕博士看着手机推送的新闻“某地夏季连下三天暴雨，农村出现洪水，城市出现内涝”，叹着气，感慨今年夏天的天气反常。汪教授看她愁眉不展，问她：“小燕，你怎么皱着眉头呀，发生什么事了？”小燕博士说：“汪教授你看，今年的夏天真的很难。有个地方一连下了三天的暴雨，出现了洪水和城市内涝，好多人的生命财产都受到了威胁。在农村一些家畜和房屋被洪水冲走，在城市里堆积的洪水导致汽车停摆、地铁站被淹，还有人触电。别的地方又是特别热还不下雨，这真是旱的旱死、涝的涝死。”汪教授说：“的确，受到人类活动的影响，近几年大气环境确实变化了很多。像这种严重的洪水，必然夹杂着大量微生物，很容易造成瘟疫蔓延。民间所说的‘大灾必有大疫’，就是这个道理。”小燕博士皱着的眉头更紧了，问汪教授：“一般和洪水相关的疾病都有哪些呢？”汪教授回答：“首先像霍乱、沙门菌、志贺菌等肠道疾病细菌会比较多，因为水源会受到污染，人们误食污染的水就会传播开来。其次是一些虫媒疾病，比如疟疾、登革热等，它们主要靠蚊子传播，而蚊子就会把卵产到静止的水体中，所以这类疾病也是防治的重点。最后就是皮肤类疾病，因为皮肤和污染的水体长时间接触，会让皮肤溃烂、感染。除了这些常见的病菌外，还有一种

“食脑虫”—阿米巴原虫

微生物——原虫，也会趁机感染人体。原虫是一种非常原始的、大多是单细胞的动物，生活在水体和其他生物体中，有一些会致病。有一种特别恐怖的‘食脑虫’就是一种原虫，叫阿米巴原虫（Amoeba）。”小燕博士害怕地瞪大了眼睛：“汪教授，这个‘食脑虫’是什么呀？感觉非常吓人啊！”汪教授说：“是啊，这种原虫会入侵人的中枢神经系统，而且特别不好诊断出来。入院后由于症状与细菌性脑膜炎类似，因此常被误诊而耽误治疗。感染这种阿米巴原虫的患者，大脑会出现水肿，引起颅内压增高，而颅骨还会限制大脑的肿胀范围，颅骨的压力过大，导致大脑与脊髓连接断开，所以叫它‘食脑虫’。患者症状一旦出现，病死率达 97% 以上，可以说是非常恐怖了。”

小燕博士已经听得目瞪口呆，急切地想知道更多关于阿米巴原虫的信息：“汪教授，这也太恐怖了。您能给我再多讲讲这个阿米巴原虫吗？”

汪教授说：“当然没问题啦。这种阿米巴原虫喜欢在温暖的淡水水体、淤泥和尘土中生活，虽然它们很小，但‘五脏俱全’，甚至有口、咽。它们平时以河流和湖泊沉积物中的细菌为食，共有滋养体和包囊两种形态。当生活条件优越，阿米巴原虫以滋养体形式存在，一旦遇到恶劣环境时，比如缺水和食物短缺时，则转变成包囊的形态。这些包囊抵抗能力很强，可以抵抗消毒剂和巴氏灭菌，而且可以悬浮在空气中随风扩散，遇到适于生存的环境，就会再脱去包囊，重新成为滋养体。也就是说，滋养体和鞭毛体可以相互转变。而鞭毛体是一种暂时的形态，运动活跃，但不能形成包囊。最常见的感染源是水源，不论是游泳还是刷牙，都有可能让阿米巴原虫从口腔、鼻腔等位置进入人体。

“由于阿米巴原虫少见，但致病力强、发病迅速、病死率高，因此对阿米巴原虫的快速检测至关重要。一旦怀疑是阿米巴原虫感染，就应该使用特殊的染色方法，对患者的脑脊液进行染色，然后显微镜下观察阿米巴原虫的滋养体或包囊。可以使用碘染色，也可以使用铁苏木素染色。染色法非常快速，但阳性率受限于标本中阿米巴原虫的数量、染色技术的影响，不是很稳定。免疫学方法也可以进行检测，我们通过检测阿米巴原虫表面特殊的抗原，来确定标本中是否有阿米巴原虫。具体的方法可以使用 DIF、IIF 和 ELISA。这些方法同样较为快速，而且比染色观察阳性率会提高很多，这些方法因受限于特殊试剂盒而较少使用。

"不受试剂限制也有高阳性率的检测方法就是分子生物学检测了，也就是 PCR 技术结合各种测序技术。我们可以扩增阿米巴原虫的遗传物质，可以是 DNA，也可以是特征性的 RNA，然后将扩增的序列与数据库内已知信息做比对，就知道是否有阿米巴原虫感染。标本中即便阿米巴原虫很少也可以鉴定出来，而且时效性相对较好，是比较理想的鉴定阿米巴原虫的方法。但这种方法需要专业的技术人员操作，而且报告也需要专业人员审核，同时费用较高，因此只有在需要快速明确诊断感染时才使用到。"

小燕博士说："这个阿米巴原虫又难遇到又难鉴定，致病、致死率还超强，可真是狡猾和恐怖，我现在更担心遭遇洪灾的同胞了。"汪教授安慰她说："不用担心，阿米巴原虫感染率非常低，而且我们的政府和人民肯定会做好防灾措施。如果你也想出一份力，那就多看看阿米巴原虫的文献，写一篇科普文章吧。这样大家都能看到，也会更加重视灾后的疾病问题。"小燕博士说："没问题，我现在就写，为灾区人民提供帮助。"

参考文献

[1] 蔡晧东 . 福氏纳格里阿米巴与原发性阿米巴脑膜脑炎 [J]. 中华实验和临床感染病杂志（电子版），2007（4）.

汪教授有话说

阿米巴原虫，隶属于肉足鞭毛门、肉足纲、阿米巴目。根据生活环境和致病性差异，阿米巴分为三类：致病性阿米巴如溶组织阿米巴、共生性或非致病性阿米巴、致病性自由生活阿米巴（存在于自然界土壤和水体中，偶尔进入机体可致病）。传闻中的食脑虫便是福氏耐格里阿米巴原虫，常见于 25℃以上的温水环境如江河、池塘、水坑等水体中，甚至在温泉和潮湿的泥土中。临床上，溶组织阿米巴引发的病例多，感染面广，危害大，可导致阿米巴痢疾和肝脓肿；耐格里属和棘阿米巴属主要引起脑膜炎、角膜炎、口腔感染和皮肤损伤等。阿米巴原虫有独特的生命周期，滋养体是运动、摄食和增殖阶段，也是致病阶段，包囊则是静止阶段，有一定的传染性。对于阿米巴滋养体，实验室检查主要依赖病原学检查，碘染色法、铁苏木素染色法找到包囊或滋养体是目前实验室广泛开展的主流方法，免疫学方法直接检测阿米巴滋养体的抗原和抗体有助于阿米巴病的辅助诊断，分子生物学方法如 PCR 检测阿米巴原虫具有快速、特异性强、灵敏度高的特点，适宜在专门实验室开展。

衣原体篇

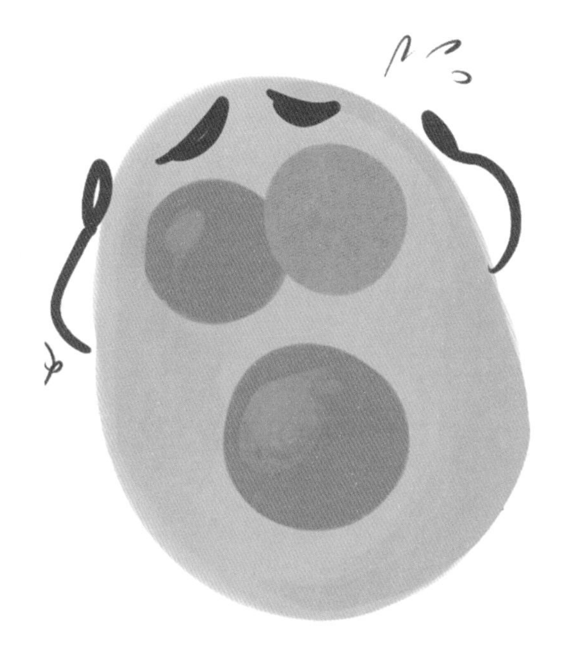

衣原体体型比细菌小但比病毒大，不会运动，它们只在细胞内生长。衣原体可分为 4 种，即肺炎衣原体、鹦鹉热衣原体、沙眼衣原体和牛衣原体。衣原体可以通过三种方式传播：性传播、间接传播、母婴传播。尤其是沙眼衣原体，除了是导致沙眼的病原体外，还是公认的性传播疾病的传染源之一。沙眼衣原体也是由我国医学科学家汤飞凡首次发现的，是我国医学发展史上重要的成就之一。

48. 鹦鹉也会“热”吗？

入秋了，天气很好。小燕博士和汪教授相约去附近的街上逛逛。午后的阳光照在人们身上，暖暖的。桂花盛开，似乎人们的每一次呼吸都夹杂着淡淡的桂花香味。走着走着，小燕博士和汪教授突然看见前方一群人围着什么东西看，时不时有人还发出一声惊呼。小燕博士好奇地走近看，原来前面是个花鸟市场。“汪教授，您快过来看看，这有一只小鹦鹉！”此时可爱的鹦鹉正在学老板说话，认真学舌的样子引得大家哈哈大笑。汪教授也笑道：“养一只会说话的小鹦鹉确实能添加很多乐趣！”小燕博士连忙想到自己一个朋友刚做完化疗，转身对汪教授说：“教授，我有一个朋友最近刚做完化疗出院，您说如果我买只鹦鹉给他送过去，会不会让他心情愉悦一些？”“小燕啊，鹦鹉可不能随便养的，会有感染鹦鹉热的风险哦。”汪教授说。

小燕博士不解道：“什么是鹦鹉热呀？鹦鹉也会热吗？”“哈哈，不是鹦鹉会热。鹦鹉热又称鸟热，由一种叫作鹦鹉热衣原体（Chlamydia psittaci）的病原体引起——可存在于鹦鹉、鸡、鸽子、火鸡等多种鸟类身体的疾病。这是一种人畜共患的疾病。人类感染途径主要是吸入鸟类或禽类粪便、眼睛和鼻孔分泌物衍生的含病原体的气溶胶[1]。鹦鹉热衣原体常感染的部位是肺部，也可进入血流，入侵中枢神经系统和网状内皮系统[2]。你的朋友刚做完化疗，处

小心“鹦鹉热”支原体

于免疫力低下的状态，此时就会很容易感染上鹦鹉热。”汪教授解释道。

“原来是这样。幸好今天有您在，差点好心办坏事了。原来可爱的小鹦鹉也可能传播这么可怕的疾病啊。教授，您能详细介绍介绍吗？”

汪教授耐心地答道：“鹦鹉热衣原体具有潜伏期，大多数患者临床表现不明显。对于接触过鸟类或禽类，疑似感染鹦鹉热衣原体的患者，我们可以通过很多种方式对其进行检测，判断其体内是不是存在这种病原体。最传统的方式就是从感染部位的组织中分离出病原体，通过细胞接种、鸡胚接种或动物接种等不同方法培养增殖，然后进行染色、镜检，最后通过镜下是否观察到包涵体或者原生小体来进行鉴定，判断它是不是鹦鹉热衣原体[3]。我们常用的染色方法有碘液染色和吉姆萨染色等。培养方法虽然较可靠，但却有很大局限性。首先咱们得知道感染的具体部位才行，我刚才说的临床症状不明显，有时候很难判断感染的组织器官；其次，培养过程十分复杂，而且还很容易被杂菌污染干扰。

“对于病原体的检测，除了观察它的形态特征外，我们还可以从小分子方面去找方法，比如说抗原抗体和基因检测。现在血清学和分子生物学技术都发展得比较成熟了，咱们的检测技术也得与时俱进才行。目前针对鹦鹉热衣原体的抗原或抗体的检测有 CFT、ELISA、IIF 等。比如 ELISA，我们可以纯化克隆出鹦鹉热衣原体的外壳优势蛋白，将它们包裹在固相载体上，若患者体内存在对应抗体，即可与吸附在固相载体上的抗原发生特异性的结合。同时加入酶标记的抗体，如果抗原抗体发生了特异反应，酶就会与底物结合显色，而颜色变化的深浅，与标本中相应的抗体的含量成正比。这种方法不仅灵敏度高，操作也简便，并且很快就能得到检测结果。

“目前更为常用的其实是一种分子层面上的检测技术——mNGS。mNGS

是一种采用高通量测序技术将样本中微生物核酸序列与数据库中已有的微生物核酸序列进行比对分析，从而高效、准确地鉴定出样本中存在的可疑致病性微生物的技术[4]。科学家们将病原体的所有基因片段全部整合成了数据库。无论是什么类型的病原体，只要数据库中存在，就可以通过比对来找到它。mNGS 技术检测病原体的范围广，特异性强，敏感性高，尤其对于鹦鹉热衣原体这种感染症状不明显的病原体十分适用。"

汪教授又补充道："此外，有时候我们也可以通过影像学技术来进行大致诊断。最近有研究表明，鹦鹉热衣原体肺炎与支原体肺炎在影像特征上的差异性也是具有临床研究意义的。这些检测方法都有各自的优缺点，具体使用哪种还要根据实际的临床指导。"

听完汪教授的介绍，小燕博士不禁感叹道："能将书本上所学的那些理论知识运用到实际生活中来改善人们的生活，科学家们太厉害啦！汪教授，您真是学识渊博，今天我收获满满！"

温馨提示：小燕博士建议大家逛动物园或者花鸟市场时，尽量不要和野生动物近距离接触！

参考文献

[1] 韩娜，赵磊，杨进 . 24 例鹦鹉热衣原体肺炎临床特征分析 [J]. 牡丹江医学院学报，2022（43）：33-36，95.

[2] BRANLEY J M，WESTON K M，ENGLAND J，et al. Clinical Features of Endemic Community-acquired Psittacosis [J]. New Microbesand New Infections，2014，2（1）：7-12

[3] 王建忠，唐泰山，姚火春，等 . 鹦鹉热衣原体病原体检测技术分析 [J]. 中国家禽，2014，36（17）：2.

[4] 郭峰，陈素婷，等 . 鹦鹉热衣原体肺炎临床特点及诊治分析 [J]. 中国感染控制杂志，2022（21）：675-680.

汪教授有话说

鹦鹉热衣原体是一类无动力、专性细胞内寄生的原核细胞型病原体，可分为 A-F 和 E/B 共 7 个禽血清学及 2 个哺乳动物血清型，是具有独特的双相发育周期，存在形态和功能截然不同的两种形式。鹦鹉及其他鸟类是鹦鹉热衣原体的自然宿主。此外，多种哺乳动物也可以作为宿主。宠物鸟是将病原体传播到人的最常见的媒介。家禽饲养员和加工者及喂养宠物鸟的家庭暴露机会最大。该病原体可以通过核酸扩增试验、核酸杂交实验、抗原检测试验来检测。由于病原学培养操作不便，存在实验室感染风险，基于微量免疫荧光技术、ELISA 技术等的血清学抗体检查成为鹦鹉热衣原体感染的金标准。PCR 技术在鹦鹉热衣原体核酸的检测上有所应用。近年来，mNGS 对于鹦鹉热的诊断发挥了举足轻重的作用。

立克次体篇

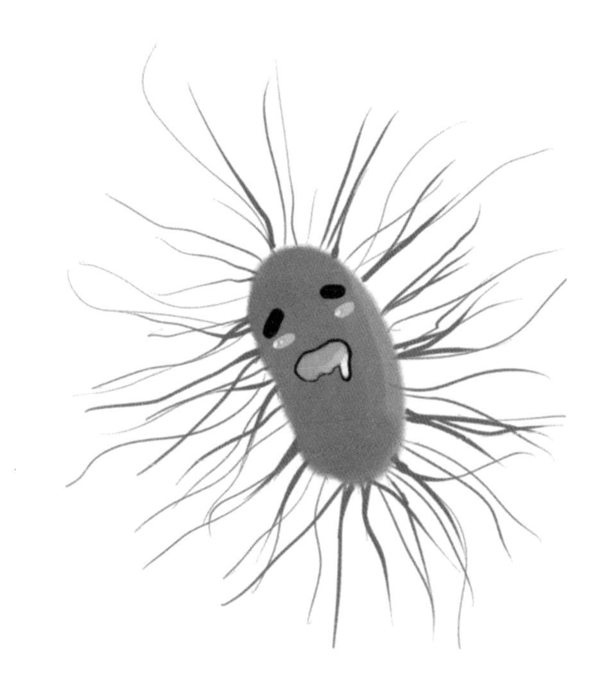

立克次体在 1906 年由青年医生 Howard Taylor ricketts 首先发现并报道，但他在研究立克次体的过程中不幸被感染献出了生命，为了纪念他，人们以他的名字命名这一类微生物。立克次体是一种严格细胞内寄生的微生物，一般呈球状和杆状，它们主要寄生于节肢动物，有的会通过蚤、虱、蜱、螨传入人体，从而引起斑疹伤寒、战壕热等疾病。

49. 郊游后立克次体感染

马上就要小长假了，小燕博士正跟汪教授讨论周末去哪里玩。小燕博士想了想说："我们要不去野外郊游，感受一下大自然的无限风光呀。"汪教授听后说："野外郊游，风光无限好，确实是个不错的提议。不过这美景之中也暗藏着风险，如果被某些小虫子叮上，轻则皮肤受损，重则生病住院，所以在野外游玩时还需做好个人防护！"小燕博士问："什么虫子居然如此厉害？"汪教授解释道："主要是野外的蜱虫、恙螨、跳蚤、虱子等吸血节肢动物。当我们在野外行走时，在草丛、灌木丛中可能就会有一只饥肠辘辘的'血吸虫'，躲在草丛中等着我们的到来。若是被它们叮咬了，不仅对我们皮肤造成直接性的破坏，而且还有可能被它们携带的'狡猾的刺客'——立克次体（*Rickettsia*）所伤，引发感染性疾病。"小燕博士很是吃惊，问道："那这个所谓的'狡猾的刺客'又是个什么样的角色呢？"

汪教授说："立克次体，它是介于最小细菌和病毒之间的一类独特的微生物。从微生物的分类上来讲，立克次体可是一个大家族，有立克次体属和东方体属。前者主要有普氏立克次体、立氏立克次体及莫氏立克次体，后者主要有恙虫病立克次体。在过去几十年中，随着多种新的立克次体不断被发现，这个大家族仍在不断壮大。它们主要寄生在啮齿类动物（鼠类）和家畜（牛、

蜱虫携带立克次体侵入人体

羊、犬、猫）等宿主内，有的以蜱虫、恙蛮、跳蚤、虱子等节肢动物为传播媒介传染人体，或者因猫、犬等家畜抓、咬而引起人类多种急性感染。这些疾病统称为立克次体病，主要包括有斑疹伤寒、半点热、恙虫病、Q热等多种疾病。被立克次体感染的人多数会表现为发热、头痛和皮疹等症状，而且他们往往都有蜱咬、近期野外旅游的经历。之前就有人去乌拉圭旅游，期间在野外草地光脚行走，本想与大自然亲近，却未承想被蜱虫这个大“血吸虫”盯上，回到家后才发现左脚踝内侧有两个黑色的焦痂，随后开始出现发热、寒战、皮疹的症状，经过一系列检查最终得以查明真相：原来是立克次体这个‘狡猾的刺客’趁蜱虫叮咬他的脚踝时侵入他体内才造成了他诸多的不适。所以，为了防止这个‘狡猾的刺客’得逞，我们在外出郊游时，要避免在草地、灌木丛等地坐卧，同时做好防护：穿长袖长衫，扎紧腰带、袖口、裤腿，穿好鞋子，防止蜱虫之类的小虫子接触到我们的皮肤。”

小燕博士说：“看来野外游玩真的不能大意呀！可万一被立克次体感染了，那我们该如何尽早将其检测出来呢？”汪教授说：“待我给你慢慢介绍。”

“立克次体具有多种形态，一般为球杆状或杆状，有时还会出现长丝状体，大小介于细菌和病毒之间，并且接近于细菌。它与细菌的主要区别之一在于它只有在活细胞内才能生长，因此无法通过正常培养基进行培养。

“被立克次体感染后，患者皮肤破损处形成的焦痂中往往存在有较多病原体，急性发热期间的患者血液中同样也含有立克次体。那我们如何将其检测出来呢？其实最主要的方法就是培养和染色。根据立克次体的培养特性，人们往往将其接种到动物体内、鸡胚或细胞中，37℃下进行培养。其中动物接种是最常用的方法。采集急性期患者血液标本并将其接种到豚鼠或小鼠腹腔内，如果之后发现小动物的体温大于40℃，并且有阴囊红肿的表现，提示存在立克次体感染。不过单凭这点还不够，还要眼见为实。在进一步将分离株接种到鸡胚或细胞培养后，再采用染色的方法进行鉴定才行。立克次体革兰氏染色为阴性，但是通常不易着色，所以一般多用吉姆萨染色后于镜下观察。不过这种情况下要想在微观世界准确识别出立克次体，还是需要有一定的经验才行。后来人们换了一种更为特异的染色方法——荧光染色法。用带有荧光标记的抗体来识别并结合立克次体上特异性的抗原，如果患者皮肤或其他组织标本中存在有立克次体，那我们便可以在荧光显微镜下观察到亮闪闪的荧光了。这种染色的方法虽直观且准确，但往往很难观察到，加上培养操作复杂，对检测人员及条件的要求较高、耗时久，所以以上这些方法并不作为临床立克次体检测的主要方法。

“人们在感染立克次体后会激发机体的免疫反应，从而在血清中逐渐产生相应的抗体，因此这就又给我们提供了一种检测的新思路：通过检测患者血清中有无针对立克次体的特异性抗体来判断是否存在立克次体感染。以往较经典的检测方法有外斐反应，但该试验由于特异性较差，现已经逐渐被淘汰。现在人们更多采用的是 IIF 检测相应抗体，即利用免疫荧光探针来帮助我们捕捉机体内产生的抗体，以判断是否为立克次体感染。这个方法既准确又具特异性，是目前诊断立克次体感染的金标准。与此类似的方法还有 ELISA，具有灵敏、简便、经济的优势，在临床上应用十分广泛。

“不过抗体的产生尚需要时间，要想做到立克次体的早期检测还是需要借助我们强大的分子检测技术。利用多种基于 PCR 的检测方法，如常规 PCR、巢式 PCR、荧光定量 PCR 等，对血液及皮肤焦痂等组织中的立克次体进行 DNA 水平上的检测，可以做到快速、及时发现立克次体感染而无须等待抗体的产生或培养立克次体漫长的生长。另外，跟这些方法相比，近些年开发出的 LAMP，具有快速、简单、灵敏、经济等优势，不需要精密设备和复杂操作，在中国立克次体感染的早期检测中显示出强大的应用潜力[1]。

“但以上这些核酸扩增技术基于已知的核酸序列所能鉴定出的立克次体种属的数量有限，而 mNGS 可以很好地弥补这方面的不足。它不仅可以帮助我们发现立克次体新物种，还可以快速而准确地鉴定已知的立克次体物种，目前逐渐地被应用于临床立克次体感染的检测与诊断。”[2]

小燕博士听了汪教授的讲述不禁感慨道：“原来有这么多方法可以帮助我们检测立克次体！今天又长知识啦！”

参考文献

[1] PAN L，ZHANG L，WANG G，et al. Rapid，Simple，and Sensitive Detection of the OmpB Gene of Spotted Fever Group Rickettsiae by Loop-mediated Isothermal Amplification [J]. BMC Infect Dis，2012，12：254.

[2] TENG Z，SHI Y，PENG Y，et al. Severe Case of Rickettsiosis Identified by Metagenomic Sequencing，China [J]. Emerg Infect Dis，2021，27（5）：1530-1532.

汪教授有话说

立克次体隶属于变形菌门、α－变形菌纲、立克次体目、立克次体科，是一类严格胞内寄生的原核细胞型微生物。立克次体最早于 1906 年由美国病理学家 Howard Taylor Ricketts 首次发现。这位年轻的科学家为此还献出了宝贵的生命，为纪念他的卓越贡献，这一类微生物被命名为立克次体。立克次体科是革兰氏阴性菌，双球形，也可以为棒状或球状，无鞭毛，无芽孢。严格胞内寄生，尚不能在无细胞的人工培养基上生长，与节肢动物密切相关，是人类斑疹伤寒和斑点热的病原体。感染立克次体通常会出现发热、头痛、播散性感染反应性肌痛、休克，偶有口腔溃疡、心肌炎及肝损伤等症状。鸡胚接种和细胞培养法可用于立克次体的培养，但操作烦琐，不推荐用于常规检查。免疫荧光法检测抗体是立克次体感染的诊断金标准，应用广泛。分子生物学技术如 PCR、LAMP 和 mNGS 在立克次体的检测上均有一定的探索和应用。

螺旋体篇

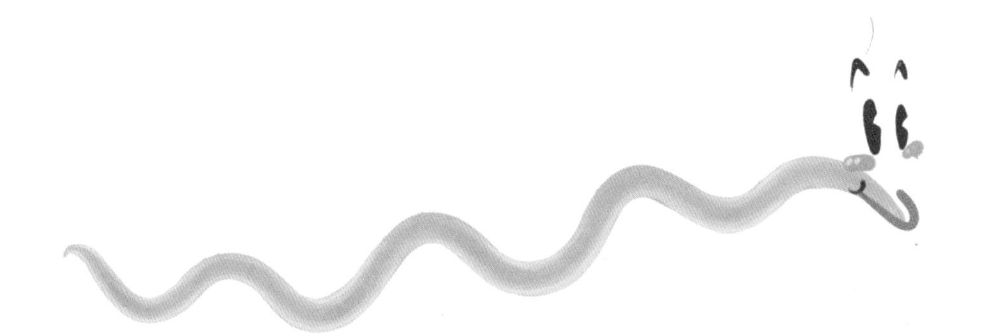

螺旋体是原核细胞型微生物，它们大多细长柔软，会呈弯曲状或螺旋状。在生物学位置上介于细菌与原虫之间。螺旋体在自然界中分布广泛，常见于水、土壤及腐败的有机物上，亦有的存在人体口腔或动物体内。常见的致病螺旋体包括钩端螺旋体、密螺旋体和疏螺旋体三类。我们熟知的梅毒就是由梅毒螺旋体感染人体导致的，梅毒螺旋体就是密螺旋体的一种。钩体病就是钩端螺旋体感染发生的，是一种全世界都流行的自然疫源性疾病。

50. 梅毒螺旋体

又到了冬天。在去实验室的路上，小燕博士看见不少宣传预防艾滋病的海报。手机搜索一看，原来今天是世界艾滋病日。“汪教授，我刚刚在路上看到好多科普艾滋病的海报，我们现在对这些疾病的科普真是越来越到位了！”汪教授笑了笑答道：“是呀，现在大家对艾滋病了解越来越多了。不过还有另一种和艾滋病传播途径很相似的疾病却被大家忽略了，小燕你知道是什么吗？”汪教授兴致勃勃想考考小燕博士。小燕博士眼睛一转像是有了想法，说：“让我想一想，是不是梅毒？我记得梅毒也是性病的一种，危害也不小呢！但是好像大家对梅毒的了解没有对艾滋病了解得多。”汪教授默默坐下，喝了口水道：“是呀，梅毒也是一种性传播疾病，可以经过母婴、性接触、输血传播。现在由于一些人的性倾向不同，同性恋者会更多地被大家认识到。同性恋者之间也会有性接触行为，自然也会有通过性接触传染梅毒的可能。我要讲的这个病例就是一个男同性恋者，他已经被确诊为 HIV 阳性，但是没有接受抗反转录病毒治疗。他是因虚弱、厌食、体重减轻 6 千克和盗汗 2 个月后入院的，他还主诉前部右侧胸痛。询问病史后了解到他的性伴侣在 3 个月前出现未经治疗的阴茎溃疡，这就引起医生的注意了。刚好我就跟你讲讲获得性梅毒的分期。获得性梅毒在临床上分为三期：I 期（初期）梅毒在感染后 3 周左右，感染局部会出现无痛性硬下疳，一般多见于外生殖器，这一情况就跟那一病例的性伴侣临床表现很类似；Ⅱ期梅毒在硬下疳出现 2~8 周，全身皮肤、黏膜出现梅毒疹，也会出现全身或局部淋巴结肿大的情况；Ⅲ期梅毒一般在感染 2 年以后，病变会波及全身组织、器官，基本损害是慢性肉芽肿，病损部位螺旋体虽小，但破坏性很大[1]。”

“原来如此。汪教授，你说的这些都是梅毒患者的临床表现吧，那你再跟我讲讲梅毒螺旋体（Treponema pallidurn）吧！我记得它还有个名字是不是叫作苍白密螺旋体苍白亚种？”小燕说。汪教授欣慰地点了点头说：“不错，不过一般叫它梅毒螺旋体更直接一些，人类可是它的唯一自然宿主呢！梅毒螺旋体长 6~15 毫米，宽 0.1~0.2 毫米，有 8~14 个较为致密而规则的螺旋，两端尖直，这个特点就和它‘螺旋体’的名字很符合了。在显微镜下观察是革兰氏阴性的，但是革兰氏染色着色很浅，一般用 Fontana 镀银染色法染成棕褐色观察，或直接用暗视野显微镜观察悬滴标本中的梅毒螺旋体[2]。”

小燕博士继而抛出了一系列问题：“汪教授，您刚刚所说的镜下特点我们是不是也可以用来检测患者是否感染了梅毒螺旋体？但是光凭借显微镜检查可以确诊吗？我们是否还要凭借其他的实验室检查才可以呀？刚才您所说的那个病例是如何确诊的呢？”

汪教授说：“血清学诊断是目前用来诊断梅毒螺旋体的最常用方法。人体一旦感染梅毒螺旋体，就会产生一种非特异性抗体，我们称它为反应素。血清学诊断方法大致分为两类，第一类是非 TP 抗体血清试验，其中包括甲苯胺红不加热血清试验（Toluidine Red Unheated Serum Test，TRUST）、快速血浆反应素环状卡片法（Rapid Plasna Regain Circle Card Test，RPR）、性病研究实验室试验（Venereal Disease Research Laboratory Test，VDRL）等；第二类是 TP 抗体血清试验，其中包括梅毒螺旋体明胶凝集试验（Treponema Pallidum Particle Assa，TPPA）、化学发光发（Chemiluminescence Analysis，CLIA）、荧光密螺旋体抗体吸收试验（Fluorescence Treponemal Antibody Absorption Test，FTA-ABS）等[3]。我先给你讲讲第一类中的两种方法吧！就拿 TRUST 来说吧。我们一般将甲苯胺红颗粒作为指示物，若患者血清中存在反应素就会与此颗粒结合形成肉眼可见的红色絮状物，就可确诊了[4]。不过 TRUST 很容易受某些传染病或自身免疫性疾病的影响。像刚才那一病例已经确认是 HIV 阳性了，一般不采取这一方法。我们可以用性病研究实验室试验，其实也就是将甲苯胺红颗粒换成以胆固醇为载体，包被心脂质所构成的 VDRL 抗原微粒；如果患者血清中存在反应素，就会与其结合出现凝集现象，呈阳性[1]。再来讲讲第二类吧，以 FTA-ABS 来说，是以完整的梅毒螺旋体抗原悬液在玻片上涂成菌膜，菌膜会吸附患者血清中的 IgG 抗体，再用荧光素标记的羊抗人 IgG 抗体检测患者血清中的梅毒螺旋体抗体。该方法需要用到荧光显微镜，一般仅用于参比实验室确认。还有一种更直接的方法就是 TPPA，利用超声裂解梅毒螺旋体抗原致敏明胶粒子，患者血清中若存在梅毒螺旋体抗体则会与其相结合形成肉眼可见的凝集[5]。前面那一病例是通过性病研究实验室试验和荧光密螺旋体抗体吸收试验均呈阳性后确诊的。”

小燕博士这时已经默默在她的小笔记本上写满了字。“汪教授，看来现在的检测方法是越来越多了。但是梅毒有这么多传播途径，还是要好好预防才是。”“是呀，在中华人民共和国刚成立时，梅毒在我国广泛流行，当时梅毒等性病患者大约超过了 1000 万，严重危害了广大人民的身心健康。国家果断采取了一系列综合干预措施，开展群众性宣传教育和重点人群检测动员，对于一些重点地区还派遣了专业医疗队伍以支持当地开展综合性病防治等。[6]就算到了现在医疗如此发达的时候，预防也是第一位的。”汪教授说。

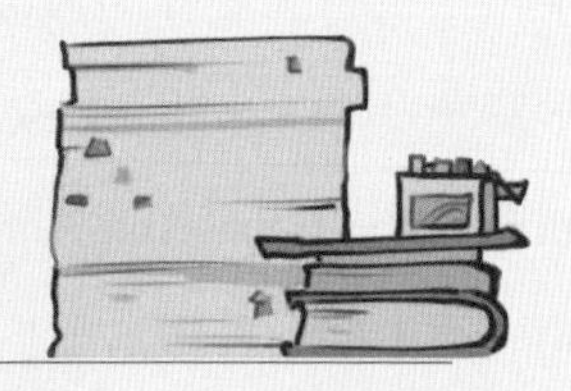

汪教授有话说

梅毒螺旋体是梅毒的病原体，因其透明不易着色又称为苍白密螺旋体，隶属螺旋体门、螺旋体纲、螺旋体目、螺旋体科。苍白密螺旋体苍白亚种，最早于 1905 年由德国生物学家 schaudinn FR. 和 Hoffmann E. 在梅毒性下疳的分泌物中发现。梅毒螺旋体形体细长且两端尖直，螺旋致密而规则，运动活泼。梅毒螺旋体须在活细胞内生长繁殖，对外界抵抗力极弱，对冷、热及干燥均特别敏感。梅毒螺旋体革兰氏染色阴性，但革兰氏染色和吉姆萨染色大部分着色不佳。银浸染法染色，菌体染色好，最好的观察方法是暗视野或相差显微镜。梅毒螺旋体主要的传播途径包括性接触传播、母婴传播、输血等。暗视野或镀银染色显微镜检查法找到梅毒螺旋体是诊断梅毒螺旋体感染的金标准。血清学检查是辅助诊断梅毒的重要手段，其中非梅毒螺旋体血清学试验如 TRUST 试验、VDRL 试验、PRP 试验常用于梅毒螺旋体感染的初筛，而梅毒螺旋体血清学试验如 TPPA、FTA-ABS、ELISA、CLIA、RT 等常用作确证试验。

参考文献

[1] 刘运德，楼永良，王涬 . 临床微生物学检验技术 [M]. 北京：人民卫生出版社，2015.

[2] 李凡，徐志凯 . 医学微生物学 [M]. 北京：人民卫生出版社，2018.

[3] 黄燕敏，黎晓敏，王衬平，等 . 化学发光法检测梅毒螺旋体特异性抗体的价值 [J]. 中国卫生标准管理，2022，13（11）：14-17.

[4] 陈俊生，张旭明 . 不同梅毒血清学检测策略应用于梅毒诊断中的价值对比 [J]. 智慧健康，2022，8（17）：9-11，15.

[5] 刘经纬，徐文绮，尹跃平 . 梅毒实验室检测技术及策略的进展 [J]. 中国艾滋病性病，2021，27（3）：323-326.

[6] 陈祥生，曹宁校，王千秋，等 . 我国梅毒预防与控制：10 年规划及成效 [J]. 中国艾滋病性病，2022，28（9）：1001-1004.

附

录

名词解释

细菌生化反应：各种细菌所具有的酶系统不尽相同，对营养基质的分解能力也不一样，因而代谢产物或多或少地各有区别，可供鉴别细菌之用。用生化试验的方法检测细菌对各种基质的代谢作用及其代谢产物，从而鉴别细菌的种属，称之为细菌的生化反应。

微量生化反应管：含有不同的化学物质，接种少量细菌即可进行生化反应的细小玻璃管。

质谱仪：基质辅助激光解吸/电离飞行时间质谱（Matrix-Assisted Laser Desorption/ Ionization Time of Flight Mass Spectrometry，MALDI-TOF MS）而建立的细菌鉴定系统。其原理是：微生物电离后，带电样本通过电场进入飞行时间检测器，离子依质荷比不同而分离，最终可以在飞行管的末端检测到每个离子的丰度，形成指纹图谱，通过软件对这些指纹图谱进行处理并和数据库中各种抑制微生物的标准指纹图谱进行比对，从而完成对微生物的鉴定。

分子生物学方法：分子生物学是从分子水平阐明生命现象和本质的科学，其发展为传统生命科学的研究提供了新的生物技术和方法。

聚合酶链反应：PCR 是体外酶促合成特异 DNA 片段的一种方法，具有特异性强、灵敏度高、操作简便、省时等特点。

二代宏基因测序技术：二代宏基因组测序（metagenomics Next Generation Sequencing，mNGS）技术是对样本中所有核酸进行无偏倚测序，结合病原微生物数据库及特定算法，检测样本中含有的病原微生物序列，对病原微生物的鉴定、分型、耐药突变检测及新型病原体鉴定等方面具有独特的优势和吸引力。

变性高效液相色谱法：是基于液相色谱分离技术进行复杂物质分离分析的一种方法。该系统自动收集各个分离的DNA片段，并自动记录分析数据，自动片段收集功能为测序提供模板，以进一步确认各种微生物。一旦特定样本中各种微生物的峰型得到鉴定，那么样本的峰型谱可用于定性和定量监测样本中各种微生物的动态变化。

酶联免疫吸附法：酶联免疫吸附法（Enzyme-Linked Immunosorbent Assay，ELISA）指将可溶性的抗原或抗体结合到聚苯乙烯等固相载体上，利用抗原抗体特异性结合进行免疫反应的定性和定量检测方法。微生物中的ELISA利用细菌某些特定蛋白与已知的标记抗体进行结合，通过测定标志物的含量进行细菌鉴定。

生物传感器：生物传感器是一种用于检测被分析物的分析设备。顾名思义，生物传感器就是把生物成分和物理化学检测器结合在一起的设备，是由固定化的生物敏感材料作识别元件（包括酶、抗体、抗原、微生物、细胞、组织、核酸等生物活性物质）、适当的理化换能器（如氧电极、光敏管、场效应管、压电晶体等）及信号放大装置构成的分析工具或系统，目的就是为了把待分析物种类、浓度等性质通过一系列的反应转变为容易被人们接受的量化数据，便于分析。

胰酪胨大豆羊血琼脂：一种能够鉴定出蜡样芽孢杆菌的特殊培养基。胰酶水解酪蛋白胨、大豆蛋白胨、无菌脱纤维羊血为蜡样芽孢杆菌提供营养。在30~32℃温度下培养18~24小时，蜡样芽孢杆菌的菌落周围呈现β型完全溶血的溶血环。

蜡样芽孢显色培养基：一种能够鉴定出蜡样芽孢杆菌的特殊培养基。科研人员利用改进型显色剂和添加剂，使对蜡样芽孢杆菌鉴定的特异性和灵敏度明显提高。蜡样芽孢杆菌在该培养基上显蓝绿色且菌落周围有一不透明环，其他菌显蓝绿色、黄色或无色，革兰氏阴性菌被抑制。

高效液相色谱法：又称"高压液相色谱""高速液相色谱""高分离度液相色谱""近代柱色谱"等。高效液相色谱是色谱法的一个重要分支，以液体为流动相，采用高压输液系统，将具有不同极性的单一溶剂或不同比例的混合溶剂、缓冲液等流动相泵入装有固定相的色谱柱，在柱内各成分被分离后，进入检测器进行检测，从而实现对试样的分析。

蛋白质印迹法（Western blot）：它是分子生物学、生物化学和免疫遗传学中常用的一种实验方法，其基本原理是通过特异性抗体对凝胶电泳处理过的细胞或生物组织样品进行着色。通过分析着色的位置和着色深度获得特定蛋白质在所分析的细胞或组织中表达情况的信息。

革兰氏阴性细菌：革兰氏染色是一种对细菌的染色方法，细菌细胞壁较厚的一类可以被染成紫色，称为革兰氏阳性菌；细菌细胞壁较薄的一类可以被染成粉色，称为革兰氏阴性菌。

制动试验：霍乱弧菌有鞭毛，可以运动。取急性期患者水样粪便或碱性胨水增菌培养 6 小时表层生长物镜检，观察细菌动力。

硫代硫酸盐—枸橼酸盐—胆盐—蔗糖琼脂（TCBS）：一种培养弧菌的培养基，不同弧菌其生长有不同特征。霍乱弧菌在 TCBS 下为黄色菌落。

4 号琼脂：弧菌培养的特殊培养基，可抑制革兰氏阳性菌和部分革兰氏阴性杂菌生长，霍乱弧菌对酸性环境比较敏感，较高 pH 可增强其生长。霍乱弧菌可表现为黑色中心的菌落。

庆大霉素琼脂平板：弧菌培养的特殊培养基，可抑制革兰氏阳性菌和部分革兰氏阴性杂菌生长。霍乱弧菌可表现为黑色中心的菌落。

斑点印记 ELISA：定量 ELISA 技术的延伸和新的发展，以纤维素膜代替聚苯乙烯反应板，敏感性更高，特异性更强。

荧光定量 PCR、多重 PCR：基于 PCR 技术的衍生测定核酸的技术。

庖肉培养基：一种厌氧菌培养基。庖肉培养基和牛肉粒提供微生物生长所需的氮源、碳源及微量元素等营养成分；液体石蜡起到密封效果，隔绝氧气的进入。

环介导等温扩增技术：环介导等温扩增是 Notomi 等人于 2000 年提出的一种新的核酸扩增技术。

百白破三联疫苗：百白破疫苗是由百日咳菌苗、白喉类毒素及破伤风类毒素混合制成，可以同时预防百日咳、白喉和破伤风。

快速尿素酶试验：幽门螺杆菌的快速尿素酶试验（Rapid urease Test）是利用幽门螺杆菌可产生相对特异的尿素酶而设计的一种检测幽门螺杆菌感染的方法。

同位素比值质谱仪：一种基于质谱分离分析原理的分析仪，可以进行同位素分析。

免疫层析法：免疫层析法的原理是将特异的抗体先固定于硝酸纤维素膜的某一区带，当该干燥的硝酸纤维素一端浸入样品（尿液或血清）后，由于毛细作用，样品将沿着该膜向前移动，当移动至固定有抗体的区域时，样品中相应的抗原即与该抗体发生特异性结合，若用免疫胶体金或免疫酶染色可使该区域显示一定的颜色，从而实现特异性的免疫诊断。

Skirrow 选择培养基：一种可以分离弯曲菌的培养基。

特异性：免疫学中，特异性与非特异性对应。特异性即针对性，往往是一对一的。

免疫组化染色：免疫组织化学技术（immunohistochemistry），是一项利用抗原抗体反应，通过使标记抗体的显色剂显色来确定组织细胞内抗原，对蛋白质定位、定性的实验技术。

嗜银染色法：幽门螺杆菌银染色是先将组织切片用硝酸银或氧化银浸渍，使银的氯化物、磷酸盐、尿酸盐等沉淀，水洗后，通过甲醛、照相显影剂（氢醌）或日光的作用，使银还原，由于析出的金属银的作用而得到黑色的染色相。在银染色切片中，Hp 主要呈短螺旋状，被染色成黑褐色。

弥散性血管内凝血：弥散性血管内凝血是指在某些致病因子作用下凝血因子和血小板被激活，大量可溶性促凝物质入血，从而引起一个以凝血功能失常为主要特征的病理过程（或病理综合征）。

灵敏度：一项测试的灵敏度也被称为真阳性率，是指使用有关测试给出阳性结果的真正阳性样本的比例。

钟乳石现象：鼠疫杆菌在液体培养基中 24 小时孵育逐渐形成絮状沉淀，48 小时后会在液表面形成薄菌膜，从菌膜向管底生长出垂状菌丝，呈钟乳石状。

噬菌体：噬菌体（Bacteriophagc）是感染放线菌、藻类、真菌，以及细菌等微生物的病毒的总称，因部分能引起宿主菌的裂解，故称为噬菌体。

引物：是指在核苷酸聚合作用起始时，刺激合成的一种具有特定核苷酸序列的大分子，与反应物以共价键形式连接，这样的分子称为引物。

质粒谱：微生物的质粒 DNA 序列的物理图谱。

病原菌：病菌是引起人类疾病的细菌和病毒，统称为病原菌或致病菌。

触酶试验：触酶又称过氧化氢酶，具有过氧化氢酶的细菌，能催化过氧化氢成为水和原子态氧，继而形成氧分子，出现气泡。可用于区分葡萄球菌与链球菌。

氧化酶试验：氧化酶先使细胞色素 C 氧化，然后此氧化型细胞色素 C 再使对苯二胺氧化，产生颜色反应这样的原理进行的试验。本试验结果与细胞色素 C 的存在有关。

甘露醇发酵试验：致病性葡萄球菌多含有分解甘露醇的酶类，能发酵甘露醇产酸，培养基由紫色变为黄色。

血浆凝固酶试验：病原性葡萄球菌能产生血浆凝固酶，使血浆中纤维蛋白原变为不溶性纤维蛋白，附于细菌表面，生成凝块，因而具有抗吞噬的作用。

蛋白胨：蛋白胨是以富含蛋白质的原料经过蛋白酶分解后形成的富含多肽和氨基酸的混合物，能为微生物提供氮源、碳源、维生素、生长因子等营养物质。

我萋琼脂培养基：一种特殊培养基，用于观察副溶血弧菌的神奈川现象。

基因探针：即核酸探针，是一段带有检测标记，且顺序已知的，与目的基因互补的核酸序列（DNA 或 RNA）。基因探针通过分子杂交与目的基因结合，产生杂交信号，能从浩瀚的基因组中把目的基因显示出来。

间接免疫荧光法：是将抗原抗体反应的特异性和敏感性与显微示踪的精确性相结合，以荧光素作为标志物，与已知的抗体（或抗原）结合，但不影响其免疫学特性。然后将荧光素标记的抗体作为标准试剂，用于检测和鉴定未知的抗原。在荧光显微镜下，可以直接观察呈现特异荧光的抗原抗体复合物及其存在部位

纳米孔测序技术：是新一代实时测序的测序方法，其以单分子 DNA（RNA）通过生物纳米孔的电流变化推测碱基组成而进行测序。

β 型溶血性链球菌：菌落周围形成一个 2~4 毫米宽，界限分明、完全透明的溶血环，完全溶血，称乙型溶血或β溶血。这类细菌又称溶血性链球菌（*Streptococcus hemolyticus*），致病力强，可引起多种疾病。

菌毛：菌毛是革兰氏阴性菌菌体表面密布短而直的丝状结构，可在电镜下观察到。

Ascoli 沉淀反应：又称环状沉淀反应，主要用于抗原的定性试验。

协同凝集试验：根据葡萄球菌 A 蛋白与 IgG 抗体的 Fc 片段结合后仍保持 Fab 片段特异性结合抗原的特点设计的一种凝集试验。

抗酸染色：分枝杆菌的细胞壁内含有大量的脂质，包围在肽聚糖的外面，所以分枝杆菌一般不易着色，要经过加热和延长染色时间来促使其着色。但分枝杆菌中的分枝菌酸与染料结合后，就很难被酸性脱色剂脱色，故名抗酸染色。

罗氏培养基：是一种专门培养结核分枝杆菌的培养基，其中含有分枝杆菌生长繁殖所需的基础物质、营养物质和抑制杂菌生长的抑菌剂。

单克隆抗体：是由单一 B 细胞克隆产生的高度均一、仅针对某一特定抗原表位的抗体。

兼性厌氧菌：是指在有氧条件下生长良好，在无氧条件下也能生长的微生物。

THIO、GAM 培养基：可用于厌氧菌的培养的培养基。

胆汁溶菌实验、Optochin 敏感试验、荚膜肿胀实验、动物毒力实验：用于鉴别肺炎链球菌的特殊生化反应。

草绿色溶血：α溶血又称草绿色溶血，在菌落周围可观察到 1~2 毫米的草绿色半透明溶血环，为高铁血红蛋白所致，α溶血环中的红细胞未完全溶解，是一种不完全溶血现象，常见的产生α溶血的菌株为肺炎链球菌、甲型溶血性链球菌。

伊红亚甲蓝琼脂培养基：伊红亚甲蓝一般用于检测大肠杆菌。大肠杆菌在其表面生长形态为紫黑色菌落，有绿色金属光泽。

麦康凯琼脂培养基：主要用于分离发酵乳糖的革兰氏阴性肠道杆菌。大肠杆菌在其表面生长形态为粉红色、光滑、湿润菌落。

荧光显微镜：是以紫外线为光源，用以照射被检物体，使之发出荧光，然后在显微镜下观察物体的形状及其所在位置。

生物恐怖病原菌：可用于生物恐怖袭击的危害人体健康的病原细菌，主要包括炭疽芽孢杆菌、鼠疫耶尔森菌、布鲁菌、土拉弗朗西斯菌和类鼻疽伯克霍尔德菌等。其特点是感染剂量低、毒性高、致病性强，感染后潜伏期短、发病率高；传染性强，可通过不同途径感染人体；在外环境中稳定性好，易于生产、保存、包装、运输和释放。

虎红平板凝集试验：虎红平板凝集试验又称班氏孟加拉红平板凝集试验。由于所用的抗原是酸性（pH 3.6~3.9）带色的抗原，该抗原与被检血清作用时能抑制血清中的IgM类抗体的凝集活性，检查的抗体是IgG类，因此提高了反应的特异性。

试管凝集试验：是一种检测血清中布鲁氏菌抗体的方法。布鲁氏菌抗原能够与血清中的IgM抗体反应产生凝集现象，通过肉眼观察试管中的凝集现象可做出结果判定。特异性较强，不易受其他干扰因子影响，阳性结果比较准确。

补体结合试验：是用免疫溶血机制做指示系统，来检测另一反应系统抗原或抗体的试验。

抗人球蛋白试验：又称 Coomb's 试验，是检测红细胞不完全抗体的一种经典方法。

荧光偏振试验：是一种抗原—抗体相互作用的简单技术，该试验基于物理原理：在溶液中，分子的旋转的速度与其质量相反。

16S rRNA：是原核生物的核糖体中 30S 亚基的组成部分，长度约为 1542nt，具有高度的保守性和特异性。

生物素－链霉亲和素法：是利用链霉亲和素与生物素 1∶4 的分子标记比例建立的一种放大标记技术，是目前发现的最强亲和体系。基于生物素－链霉亲和素系统的化学发光免疫分析（CLIA）具有灵敏度高、线性范围宽、应用范围广的特点，被广泛应用于肿瘤、心肌、激素等项目的检测。

HACEK 家族：此群系人类口腔、呼吸道、生殖道的正常菌群，在一定条件下可引起严重感染。HACEK 是由 5 个英文单词的字头组成，H 代表嗜血杆菌属（Haemophilus），A 代表放线杆菌属（Actinobacillus），C 代表心杆菌属（Cardiobacterium），E 代表艾肯菌属（Eikenella），K 代表金杆菌属（Kingella）。其共同特征是生长缓慢（需 48~72 小时才见菌落），生长需要二氧化碳，只有营养丰富的培养基如巧克力血平板等才能支持其生长。

纸片扩散法：也被称作纸片法，是将含有定量抗菌药物的滤纸片贴在已接种了测试菌的琼脂表面，纸片中的药物在琼脂中扩散。在药物扩散的同时，纸片周围抑菌浓度范围内的测试菌不能生长，而抑菌浓度范围外的菌株则继续生长，从而在纸片的周围形成透明的抑菌圈。

SS 培养基：该培养基主要用于沙门菌的分离培养，也可用于志贺菌、小肠结肠炎耶尔森氏菌等肠道致病菌的分离培养。多数沙门菌不发酵乳糖，并产硫化氢，在 SS 平板上菌落为无色透明并有黑色中心。

克氏双糖铁培养基：克氏双糖铁琼脂（KIA）通过不同细菌发酵葡萄糖和乳糖，及产生硫化氢的生化反应结果不同，用于革兰氏阴性杆菌，主要用于肠杆菌科细菌的鉴别。

胃部屏障：胃有两种屏障：①由大量凝胶黏液和碳酸氢盐共同构成，故也称黏液 - 碳酸氢盐屏障，此屏障可有效防止胃蛋白酶对胃黏膜的消化作用。②由胃黏膜上皮细胞的腔面膜和相邻细胞间的紧密连接所构成的生理屏障。该屏障能合成某些物质增强胃黏膜抵御有害因子侵蚀的能力。

BCYE 平板 /GVPC 平板：二者均含军团菌生长必需的各种成分，为培养军团菌的培养基。

放射免疫法：放射免疫分析技术为一种将放射性同位素测量的高度灵敏性、精确性和抗原抗体反应的特异性相结合的体外测定超微量物质的新技术。

巢式 PCR：是一种变异的 PCR，使用两对（而非一对）PCR 引物扩增完整的片段。巢式 PCR 的好处在于，如果第一次扩增产生了错误片段，那么第二次能在错误片段上进行引物配对并扩增的概率极低。因此，巢式 PCR 的扩增非常特异。

琼脂糖凝胶电泳：是用琼脂或琼脂糖做支持介质的一种电泳方法，可用于蛋白质或核酸的分离分析。

色谱分离技术：又称层析分离技术或色层分离技术，是一种分离复杂混合物中各个组分的有效方法。它是利用不同物质在由固定相和流动相构成的体系中具有不同的分配系数，当两相做相对运动时，这些物质随流动相一起运动，并在两相间进行反复多次的分配，从而使各物质达到分离的效果。

机会致病菌：正常菌群与宿主之间、正常菌群内部之间通过营养竞争、代谢产物的相互制约等因素，维护着良好的生存平衡。在一定条件下，如果这种平衡关系被打破，原来不致病的正常菌群中的细菌可成为致病菌，我们称这类细菌为机会致病菌。

凝胶电泳：是生命科学实验室中广泛使用的技术，用于分离 DNA、RNA 和蛋白质等大分子。在这种技术中，分子根据它们的大小和电荷进行分离。凝胶电泳通常在实验室中进行，以分析来自各种来源的 DNA、RNA 或蛋白质样品。

G 实验：又称（1,3）-β-D-葡聚糖试验，检测的是真菌的细胞壁成分——（1,3）-β-D-葡聚糖，人体的吞噬细胞吞噬真菌后，能持续释放该物质，使血液及体液中含量增高。（1,3）-β-D-葡聚糖可特异性激活鲎变形细胞裂解物中的 G 因子，引起裂解物凝固，故称 G 试验。

分生孢子：是有隔菌丝的霉菌中最常见的一类无性孢子，是大多数子囊菌亚门和全部半知菌亚门霉菌的无性繁殖方式。菌丝从菌丝体上生出，延长形成分生孢子梗，分生孢子梗末端生出成串的或成簇的无性孢子，即分生孢子。

分生孢子梗：从真菌菌丝体上形成分化程度不同的产生分生孢子的结构。

GM 实验：检测的是半乳甘露聚糖（Glactomannan，GM），半乳甘露聚糖是广泛存在于曲霉和青霉细胞壁的一种多糖，菌细胞壁表面菌丝生长时，半乳甘露聚糖从薄弱的菌丝顶端释放，是最早释放的抗原。

酵母型真菌：是真菌的一种，按结构特点区分属于单细胞真菌。外观似酵母型菌落，但在菌落表面除有生芽细胞外还有伸长的生芽细胞所形成的假菌丝伸入培养基内，如念珠菌。

荚膜：是某些细菌表面的特殊结构，是位于细胞壁表面的一层松散的黏液物质，不易着色。

免疫抑制剂：是对机体的免疫反应具有抑制作用的药物，能抑制与免疫反应有关细胞的增殖和功能，能降低抗体免疫反应。免疫抑制剂主要用于器官移植抗排斥反应和自身免疫病如类风湿性关节炎、红斑狼疮、皮肤真菌病、膜肾球肾炎、炎性肠病和自身免疫性溶血贫血等。

六胺银染色：又称染色，主要用于组织基底膜和真菌（主要应用于新型隐球菌、毛霉菌、曲霉菌、组织胞浆菌、马尔尼菲青霉菌、放线菌等）的染色。

DNA 探针：是一段 DNA 序列，可以检测与其相同 DNA 片段或者与其碱基互补配对 RNA 片段，主要用于检测核酸。

吉姆萨染色：吉姆萨染液由天青、伊红组成。嗜酸性颗粒为碱性蛋白质，与酸性染料伊红结合，染粉红色，称为嗜酸性物质；细胞核蛋白和淋巴细胞胞浆为酸性，与碱性染料美蓝或天青结合，染紫蓝色，称为嗜碱性物质；中性颗粒呈等电状态与伊红和亚甲蓝均可结合，染淡紫色，称为中性物质。该法对细胞核和寄生虫着色较好，结构显示更清晰。

PAS 染色：又称过碘酸雪夫染色、糖原染色。一般用来显示糖原和其他多糖物质。

沙保弱培养基：是培养真菌最常用的培养基，绝大多数的真菌均可以在其上生长。

双相真菌：一类特殊的致病真菌，在不同的温度条件下可产生不同的形态学特征，如在人体内部寄生或在 37℃条件下为酵母相，而在室温条件下（25℃）则为菌丝相，这类菌被称为双相真菌。

增菌培养基：大多为液体培养基，能够给微生物的繁殖提供特定的生长环境，使微生物数量增加。

转录：转录（Transcription）是遗传信息从 DNA 流向 RNA 的过程。即以双链 DNA 中确定的一条链（模板链用于转录，编码链不用于转录）为模板，以四种核糖核苷酸为原料，在 RNA 聚合酶催化下合成 RNA 的过程。

逆转录：逆转录（Reverse Transcription）是以RNA为模板合成DNA的过程，即RNA指导下的DNA合成。此过程中，核酸合成与转录（DNA到RNA）过程与遗传信息的流动方向（RNA到DNA）相反，故称为逆转录。

蛋白质芯片：是一种高通量的蛋白功能分析技术，可用于蛋白质表达谱分析，研究蛋白质与蛋白质的相互作用，甚至DNA—蛋白质、RNA—蛋白质的相互作用，筛选药物作用的蛋白靶点等。

异硫氰酸荧光素：一种生化试剂，也是医学诊断药物，主要用于荧光抗体技术中的荧光染料，能和各种抗体蛋白结合，结合后的抗体不丧失与一定抗原结合的特异性，并在碱性溶液中具有强烈的绿色荧光。

金标准：是指当前临床医学界公认的诊断某病最为可靠的方法。

醋酸白试验：是一种在临床上主要用于HPV病毒潜伏感染或尖锐湿疣、尖锐湿疣亚临床表现的试验方法。

挖空细胞：鳞状上皮细胞受到了HPV病毒的侵犯，细胞核增大，染色加深，细胞核周围形成像气泡一样的表现，整个细胞体积是在增大的。核也很大，核周围的这个空隙也大，形成像一个被挖空了表现，叫挖空样细胞。

T淋巴细胞：淋巴细胞的一种，它具有多种生物学功能，如直接杀伤靶细胞，辅助或抑制B细胞产生抗体，对特异性抗原和促有丝分裂原的应答反应以及产生细胞因子等，是人体抵御疾病感染、肿瘤的免疫细胞之一。

白色念珠菌：又称白假丝酵母菌，是一种真菌。通常存在于正常人口腔、上呼吸道、肠道及阴道，一般在正常机体中数量少，不引起疾病。白念珠菌在机体免疫功能、一般防御力下降或正常菌群相互制约作用失调时，才会大量繁殖并改变生长形式（芽生菌丝相），侵入细胞引起疾病。

谵妄：一种以困惑、焦虑、语无伦次和幻觉为特征的暂时性精神状态。

钩状效应：即 HOOK 效应，是指由于抗原抗体比例不合适而导致假阴性的现象，其中抗体过量叫作前带效应，抗原过量叫作后带效应。所以在临床中一定要注意前带和后带现象，以免出现假阴性结果，尤其以前带效应明显，这种情况可以通过进一步稀释样本来得到解决。

胶体金：免疫金标记技术（Immunogold labelling technique），主要是利用了金颗粒具有高电子密度的特性，在金标蛋白结合处，在显微镜下可见黑褐色颗粒，当这些标记物在相应的配体处大量聚集时，肉眼可见红色或粉色斑点，因而用于定性或半定量的快速免疫检测方法。

间接血凝试验：是将抗原（或抗体）包被于红细胞表面，成为致敏的载体，然后与相应的抗体（或抗原）结合，从而使红细胞拉聚在一起，出现可见的凝集反应。

枸橼酸乙胺嗪：本品对微丝蚴及成虫均有杀灭作用，可用于马来丝虫病和班氏丝虫病的治疗。

中性粒细胞：人白细胞的一种。

IgG、IgM：均为人免疫球蛋白。

出芽生殖：即出芽、出芽繁殖等。与分裂一起为单细胞生物和低等后生动物常见的无性生殖的一种类型，在个体体壁的一部分产生小的突起，即芽基，并逐渐发育成与原个体同样的形态。

中枢神经系统：由脑和脊髓组成（脑和脊髓是各种反射弧的中枢部分），是人体神经系统的最主体部分。中枢神经系统接受全身各处的传入信息，经它整合加工后成为协调的运动性传出，或者储存在中枢神经系统内成为学习、记忆的神经基础。人类的思维活动也是中枢神经系统的功能。

实时荧光定量 PCR：是指在 PCR 进行的同时，对其过程进行监测的能力（即实时）。因此，数据可在 PCR 扩增过程中，而非 PCR 结束之后，进行收集。

胎盘屏障：正常妊娠期间母血与子血分开，互不干扰，同时又进行选择性的物质交换。这一现象称为胎盘屏障。

致敏红细胞：将细菌多糖质或各种蛋白质抗原吸附在红细胞表面，该红细胞称为抗原致敏红细胞，这种抗原致敏的红细胞就具备了一种新的血清学性质，当与相应的抗血清相遇时，在适宜条件下，抗原就和抗体结合起来，因此红细胞也被动地凝集起来。

琼脂扩散试验：抗原和抗体加到琼脂板上相对应的孔中，两者各自向四周扩散，如两者相对应，浓度比例合适，则经一定时间后，在抗原、抗体孔之间出现清晰致密的白色沉淀线。

阿米巴滋养体：滋养体抵抗力甚弱，在室温下数小时内死亡，遇稀盐酸则在数分钟内死亡。滋养体在适当条件下能侵袭与破坏组织，造成结肠病变，引起临床症状，所以滋养体是溶组织内阿米巴的侵袭型，但它无感染能力。因为在体外它很快死亡，即使进入消化道也很快被胃酸破坏。

阿米巴包囊：包囊抵抗外界能力很强，在大便中能存活 2 周以上，在水中能存活 5 周，能耐受常用化学消毒剂的作用。但对热和干燥较敏感，加热至 50℃，几分钟即死。包囊可随粪便排到外界。人吞食被包囊污染的食物或水后即造成感染。

人畜共患疾病：又称人兽共患病，是一种从非人类动物源跨越到人源的传染病。人畜共患疾病的病原体可能是细菌、病毒或寄生虫，也可能涉及非常规病媒，可通过直接接触或通过食物、水或环境传播给人类。

包涵体、原生小体：衣原体的不同存在形态。

外斐反应：用于与立克次体有共同菌体抗原的变形杆菌 OX19、OX2、OXK 进行非特异性凝集反应，检测患者血清中有无立克次体抗体。外斐反应亦称变形杆菌凝集试验，用以诊断流行性斑疹伤寒、恙虫病等急性传染病。

甲苯胺红不加热血清试验：甲苯胺红不加热血清试验法所用的抗原为心磷脂、卵磷脂和胆固醇的混合物，主要用于检测血清中的反应素，约 6 周后可检出。对早期梅毒辅助诊断能力差，但其滴度变化与梅毒治疗情况呈正相关，即随着梅毒的治愈，抗体滴度下降，因此适合用于梅毒治疗的疗效观察、随访和复发的辅助诊断，对病情的评估有重要的作用。

性病研究实验室试验：性病研究实验室试验是用心磷脂、卵磷脂及胆固醇为抗原，可作定量及定性试验，试剂及对照血清已标准化，费用低。此法常用，操作简单，需用显微镜读取结果，缺点是一期梅毒敏感性不高。

梅毒螺旋体明胶凝集试验：可以检测血清中的梅毒螺旋体抗体，特异性强，灵敏度高，是目前公认的特异性最好的方法。由于 TP-IgG 抗体在治愈后依然可以长时间存在，甚至终身为阳性，因此 TPPA 单独阳性只能说明感染或曾经感染过，而不能判断梅毒活动与否，或处于恢复期，不能作为监测。

化学发光免疫分析：化学发光免疫分析基于放射免疫分析的基本原理，将高灵敏的化学发光技术与高特异性的免疫反应结合起来，建立了化学发光免疫分析法。CLIA 具有灵敏度高、特异性强、线性范围宽、操作简便、不需要十分昂贵的仪器设备等特点。

荧光密螺旋体抗体吸收试验：荧光密螺旋体抗体吸收试验，先除去其中具有交叉反应的抗体后，再与梅毒螺旋体作用，然后加用荧光素标记的抗人 IgG。此法敏感性高、特异性强，能最早检测出梅毒螺旋体的特异性抗体。

但操作复杂，且患者经过药物治疗后反应仍持续阳性。因此，不适于判断疗效。

硫黄颗粒：在患者病灶组织和瘘管流出的脓汁中，肉眼可见的由放线菌在组织中形成的黄色小颗粒状菌落。可将此种颗粒制成压片或组织切片，在显微镜下可见放射状排列的菌丝，形似菊花状。

重组酶聚合酶扩增技术：一种新型核酸恒温扩增技术，可以在 10~30 min 内实现待测靶标的快速检测。它具有反应灵敏度高、特异性强、对仪器依赖程度低且可整合多种检测模式等优点，特别适用于基层和现场即时检测，可广泛应用于体外诊断、动物疫病、食品安全、生物安全、农业等领域。